高等职业教育课程改革项目研究成果系列教材

U0268141

嵌入式技术应用项目式教程

主　编　刘远全　邓富春　柳成霞
副主编　邹艾杉　张呈宇　王平山
　　　　郑宗新　廖　俊　张莉莉

北京理工大学出版社
BEIJING INSTITUTE OF TECHNOLOGY PRESS

内 容 简 介

本书旨在推广国产自主可控技术,并与国际主流技术接轨,为参加全国职业院校技能大赛以及全国大学生电子设计竞赛的高职高专师生提供帮助。本书主要基于 LS1B 和 STM32 的嵌入式开发技术,依据龙芯参考手册、STM32 参考手册、最新发布的全国职业院校技能大赛赛项规程和全国大学生电子设计竞赛赛题进行编写。语言言简意赅,避免晦涩难懂,讲解形式图文并茂、由浅入深。通过阅读本书,参赛师生可以更好地了解赛项规程、竞赛平台以及技术路线,为取得好成绩打下坚实的基础。

本书既可以作为高职院校相关专业的教材或教学参考书,也可作为相关竞赛的参考书,还可供相关领域的工程技术人员查阅。对于嵌入式开发的爱好者而言,本书也是一本贴近应用的技术读物。

图书在版编目(CIP)数据

嵌入式技术应用项目式教程 / 刘远全,邓富春,柳成霞主编. -- 北京:北京理工大学出版社,2024.4(2025.1 重印)

ISBN 978-7-5763-3788-4

Ⅰ. ①嵌… Ⅱ. ①刘… ②邓… ③柳… Ⅲ. ①微处理器-系统设计-高等职业教育-教材 Ⅳ. ①TP332

中国国家版本馆 CIP 数据核字(2024)第 073350 号

责任编辑:张鑫星 　　**文案编辑**:张鑫星
责任校对:周瑞红 　　**责任印制**:施胜娟

出版发行 / 北京理工大学出版社有限责任公司
社　　址 / 北京市丰台区四合庄路 6 号
邮　　编 / 100070
电　　话 / (010) 68914026 (教材售后服务热线)
　　　　　 (010) 63726648 (课件资源服务热线)
网　　址 / http://www.bitpress.com.cn

版 印 次 / 2025 年 1 月第 1 版第 2 次印刷
印　　刷 / 唐山富达印务有限公司
开　　本 / 787 mm×1092 mm　1/16
印　　张 / 13
字　　数 / 303 千字
定　　价 / 45.00 元

前言
Preface

　　本书以国务院办公厅《关于推动现代职业教育高质量发展的意见》为指导，以教学大纲为依据，以高新企业为合作对象，将各类技能竞赛实例融入项目式教学中，根据学生知识吸收的特点，采用单项目多任务的递进编排方式，实践项目均为企业工程项目中提取的嵌入式技术基础知识，同时结合全国职业院校技能大赛赛项及全国大学生电子设计竞赛的赛题内容，内容由浅入深、逐步递进的编排方式有助于提升学习效果，满足电子信息类相关专业的教学需求，同时大力弘扬工匠精神，争取培养更多高技能人才和大国工匠，更好地服务经济建设。

　　本书总体分为两大板块，分别为基于国产自主技术的 LS1B 学习板块和基于 ARM 内核的 STM32 学习板块。本书共有十个项目，采用单项目多任务的编排方式，知识技能由浅入深，能够满足各个阶段读者的学习需求。

　　项目一至项目三为 LS1B 学习板块，该板块由张呈宇和邓富春老师共同编写，主要介绍了龙芯集成开发环境搭建、龙芯的 GPIO 端口控制方法及龙芯的外设控制方法，能够帮助读者快速上手，开展基于 LS1B 的嵌入式开发项目。

　　项目四至项目十为 STM32 学习板块，项目四由柳成霞老师编写，介绍了 STM32 单片机基础知识，同时讲解了如何安装 Keil MDK-ARM 开发环境及调试方法；项目五由王平山老师编写，包含三个子任务，分别为跑马灯实验、按键控制 LED 灯和七段数码管显示，通过该项目的学习，读者能够全面掌握 GPIO 端口控制方法；项目六由郑宗新老师编写，包含两个子任务，分别运用按键中断和定时器中断的方法控制 LED 灯亮灭，帮助读者对照理解中断的使用方法；项目七由邓富春老师编写，包含两个子任务，分别为串口通信和蓝牙串口通信，使读者在今后项目开发中对通信方式有初步认知；项目八由王平山老师和邹艾杉老师共同编写，主要对外设屏幕控制进行讲解，分别介绍 LCD1602 和 OLED12864 两种屏幕外设的控制方法；项目九由邹艾杉老师编写，围绕 PWM 应用展开，包括 PWM 输出方波、检测方波频率和 L298N 电机调速控制三个子任务，加深读者对定时器和输入捕获的理解和运用；项目十由廖俊老师编写，主要介绍 ADC 和 DAC 的运用方法，为读者今后深入学习嵌入式开发知识奠定了基础。全书由刘远全和张莉莉老师统稿。同时非常感谢百科荣创（山东）科技发展有限公司为本书提供的宝贵资料和技术支持。

由于编写时间仓促，编者水平有限，书中难免有疏漏和不足之处，恳请读者批评指正！

编　者

2021 年全国大学生
电子设计竞赛赛题

2023 年全国大学生
电子设计竞赛赛题

2022 年全国职业院校
技能大赛赛项规程

2023 年全国职业院校
技能大赛赛项规程

目录 Contents

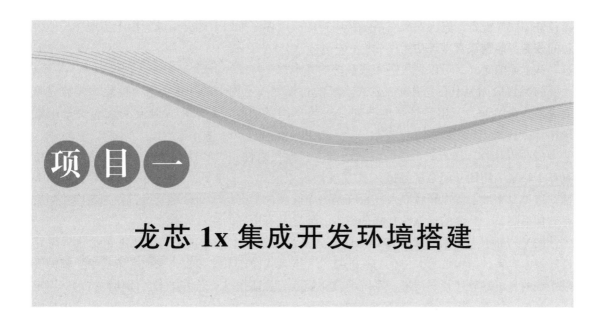

项（目）一

龙芯 1x 集成开发环境搭建

本项目主要介绍嵌入式边缘计算软硬件开发设备的组成模块及其功能，以及龙芯 1x 系列处理器开发工具下载、安装、使用等。通过理实一体化的学习，快速熟悉嵌入式边缘计算软硬件开发设备的使用方法，以及掌握 LoongIDE 使用、程序调试、程序烧写等操作方法。

任务 1.1　龙芯 1x 集成开发环境配置

任务描述与要求

任务描述：用户要制作一个电子产品，需要使用龙芯 1B（LS1B）实现功能，根据需求完成 LoongIDE 的开发环境搭建和 LoongIDE 的安装。

任务要求：

1. 正确搭建 LoongIDE 的开发环境。
2. 正确安装 LoongIDE。

知识学习

一、嵌入式系统

嵌入式系统已经深入生活的每一个角落，如手机、游戏机、电磁炉、洗衣机、电动自行车、电视机、水下机器等。它所涉及的领域达到甚至超过个人所能想象的范围。嵌入式系统以应用为中心，以现代计算机技术为基础，并且软硬件可裁剪，适用于应用系统对功能、可靠性、成本、体积、功耗有严格要求的专用计算机系统。嵌入式系统一般由嵌入式微处理

1

器、外围硬件设备、嵌入式操作系统及用户的应用程序等四个部分组成，用于实现对其他设备的控制、监视或管理等功能。

从上面的定义，可以看出嵌入式系统的几个重要特征。

（1）以应用为中心：强调嵌入式系统的目标是满足用户的特定需求。就绝大多数完整的嵌入式系统而言，用户打开电源即可直接享用其功能，无须二次开发或仅需少量配置操作。

（2）专用性：嵌入式系统的应用场合大多对可靠性、实时性有较高要求，这就决定了服务于特定应用的专用系统是嵌入式系统的主流模式，它并不强调系统的通用性和可拓展性。这种专用性通常也导致嵌入式系统是一个软硬件紧密集成的最终系统，因为这样才能更有效地提高整个系统的可靠性并降低成本，使之具有更好的用户体验。

（3）以现代计算机技术为基础：嵌入式系统的最基本支撑技术，大致上包括集成电路设计技术、系统结构技术、传感与检测技术、嵌入式操作系统和实时操作系统技术、资源受限系统的高可靠软件开发技术、系统形式化规范与验证技术、通信技术、低功耗技术、特定应用领域的数据分析、信号处理和控制优化技术等，它们围绕计算机基本原理，集成进特定的专用设备就形成了一个嵌入式系统。

（4）软硬件可裁剪：嵌入式系统针对的应用场景如此之多，并带来差异性极大的设计指标要求（功能性能、可靠性、成本、功耗），以至于现实上很难有一套方案满足所有的系统要求，因此根据需求的不同，灵活裁剪软硬件、组建符合要求的最终系统是嵌入式技术发展的必然技术路线。

二、LS1B 开发套件

1. LS1B 简介

LS1B 是一款兼容 MIPS32 且支持 EJTAG（Enhanced Joint Test Action Group，增强型联合测试行动小组）调试的双发射处理器，如图 1.1.1 所示，通过采用转移预测、寄存器重命名、乱序发射、路预测的指令 Cache（高速缓存）、非阻塞的数据 Cache、写合并收集等技术来提高流水线的效率。

LS1B 是一款系统级的片上系统（System on Chip，SoC）。微控制单元（Micro Control Unit，MCU）只是芯片级的芯片，而 SoC 是系统级的芯片。SoC 既像 51 单片机那样有内置 RAM（Random Access Memory，随机存储器）、ROM（Read-Only Memory，只读存储器），又像微处理器那样强大，不仅可以存储简单的代码，还可以存储系统级的代码。也就是说，SoC 可以运行操作系统，将 MCU 集成化与微处理器强处理能力的优点合二为一。

2. LS1B 通用方案板

LS1B 通用方案板采用的是基于 MIPS 精简指令集的国产龙芯 1 号系列的主控芯片，如图 1.1.2 所示。从芯片设计到板级设计，都尽量实现国产最大化，是一款应用国产技术较多、原生中文技术支持较好的开发板。

LS1B 通用方案板主要采用 4 层 PCB，贴片零件全部由专业贴片机完成，不仅保证了信号的质量，同样也保证了元件的稳定可靠。在设计上，工程师尽量把芯片的各项功能通过复用或直连的方式显示出来，方便用户设计验证。

图 1.1.1　LS1B 开发套件

图 1.1.2　龙芯主控芯片

LS1B 通用方案板基于龙芯 32 位低功耗、高性能的 1B SoC 芯片，芯片内部集成了 12 个串口（图 1.1.3）和 2 个千兆网口控制器，同时还集成了 DDR2、LCD、USB（图 1.1.4）、SPI、I2C、CAN、PWM、WDT 等众多外围设备控制器。该开发板接口丰富、配套资源完善，可广泛用于工业控制、工业信息采集与传输、消费电子等领域。

图 1.1.3　串口

图 1.1.4　USB 接口

表 1.1 所示为 LS1B 开发套件的硬件资源。

表 1.1　LS1B 开发套件的硬件资源

名称	描　述
处理器	LS1B，主频 200 MHz
存储器	SPI Flash 512 KB SLC NAND Flash 256/128 MB×1 pcs DDR2 SDRAM 128 MB×2 pcs
调试接口	6 精简针标准 EJTAG 接口
I/O 接口	音频接口，立体声音频 LINE_OUT/LINE_IN/MIC_IN 接口（ALC655）。 4 个串口，1 个带电平转换串行接口，3 个 3 线 TTL 串行接口，波特率高达 115 200 b/s 10/100 Mb/s 自适应网口 2 个（RTL8201EL-GR，带发送和接收指示灯），内部实时时钟（带备用纽扣电池） USB2.0 HOST 接口×4 Micro SD 卡接口 1 个、1 路 EIA-485 接口 2 路 PWM 接口、1 路标准 CAN 接口
显示	集成 4.3 in① 屏幕、7 in 屏幕及 VGA 接口

①英寸，1 in＝25.4 mm。

三、LoongIDE 简介

龙芯 1x 嵌入式开发工具是一套用于开发龙芯 1x 系列芯片的 RT-Thread/FreeRTOS/uCOS/RTEMS 项目或裸机项目的嵌入式编程工具，帮助用户在龙芯 1x 嵌入式开发过程中减少编码量、缩短开发周期、简化开发难度，使其快速实现符合工业标准的国产化产品，从而助力工控行业的国产化进程。

集成开发环境 LoongIDE 在 Windows 下安装运行，支持 Windows XP 及以上操作系统。LoongIDE 编译需要使用 RTEMS GCC for MIPS 或 SDE Lite for MIPS 工具链。

（1）支持英、汉双语版本；

（2）以项目为单位进行源代码管理；

（3）提供菜单、工具栏、快捷键、弹出菜单等多种操作方式；

（4）支持多种项目属性，包括构建库文件、是否使用 RTOS 等选项；

（5）功能强大的 C/C++代码编辑器，支持代码折叠、高亮语法、未用代码段灰色显示等功能；

（6）实时代码解析引擎，实现光标处头文件、类、变量、函数等原型的快速信息提示、查找和定位。

任务实施

1. 安装运行环境

LoongIDE 在使用 GCC、GDB 等 GNU 工具时，需要 MinGW 运行环境的支持，所以在安装 LoongIDE 之前，需要安装 MSYS1.0 或者 MSYS2.0 运行环境。建议大家安装 MSYS2.0 运行环境。

在此仅介绍 MSYS2.0 运行环境安装与环境变量配置过程，MSYS1.0 与之类似。

第 1 步：从 https：//www.msys2.org/下载 msys2-i686-xxx.exe 安装程序并安装；或者从 http：//www.loongide.com 下载 msys2_full_install.exe 离线安装包进行安装，安装过程所有选项均使用默认选项，安装在 C 盘根目录下。

第 2 步：MSYS2.0 安装完成后，设置 Windows 系统环境变量 Path，将路径"C：\msys32\usr\bin；C：\msys32\mingw32\bin；"置于 Path 首部。

运行环境变量配置如图 1.1.5、图 1.1.6 所示。右击"我的电脑"图标，单击"属性"，弹出"系统属性"对话框，再单击"高级"选项卡，打开后单击下方的"环境变量"按钮，在"系统变量"栏双击 Path 并设置其属性为"C：\msys32\usr\bin；C：\msys32\mingw32\bin；"，并且移动位置到最上方。

第 3 步：重新启动 Windows 系统。

2. 安装 LoongIDE

从 http：//www.loongide.com 下载"龙芯 1x 嵌入式集成开发环境"安装程序 loongide_1.0_setup.exe，以管理员身份运行安装程序，根据安装向导完成安装，如图 1.1.7 所示。

下载地址：http://www.loongide.com/upload/file/exe/loongide_1.0_setup.exe。

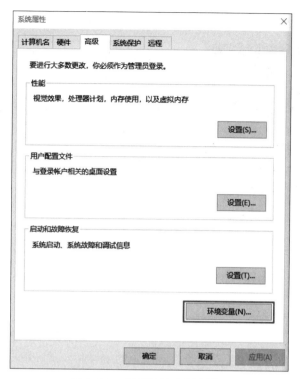

图 1.1.5　运行环境变量配置 1

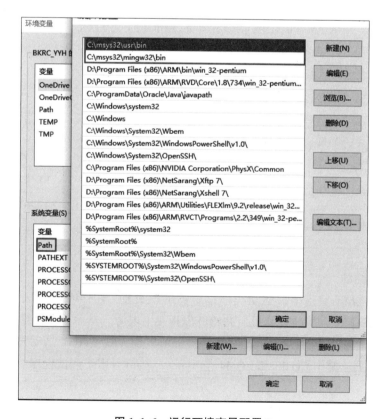

图 1.1.6　运行环境变量配置 2

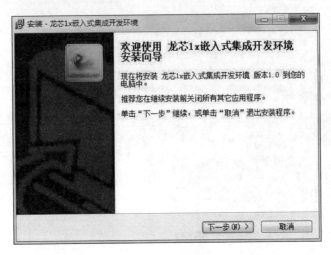

图 1.1.7　安装"龙芯 1x 嵌入式集成开发环境"

3. 安装 GNU 工具链

使用新版 LoongIDE，不需要单独安装 GNU 工具链。LoongIDE 使用 SDE Lite for MIPS 工具链或者 RTEMS GCC for MIPS 工具链来实现项目的编译和调试。用户可以在 LoongIDE 中安装一个或者多个工具链，使用时根据项目的实际情况来选择适用的工具链，如表 1.2 所示。

注意事项：

（1）建议安装 SDE Lite for MIPS 工具链中的 SDE Lite 4.9.2。

（2）工具链安装目录路径中避免使用空格、汉字等字符。

（3）安装完成后，重新启动 Windows 系统。

表 1.2　GNU 工具链

分类	工具链	支持项目类型
SDE Lite for MIPS	SDE Lite 4.5.2	裸机编程项目
	SDE Lite 4.9.2	RT-Thread 项目
RTEMS GCC for MIPS	RTEMS 4.10 for LS1x	FreeRTOS 项目
	RTEMS 4.11 for LS1x	uCOS-II 项目

4. 安装串口驱动

若计算机系统没有自带串口驱动程序，需要用户安装"CH340 驱动"，安装完成之后，用 USB 线连接 LS1B 开发板与计算机，并给开发板接上电源。然后，在计算机桌面右击"此电脑"，选择"管理"选项，弹出如图 1.1.8 所示界面，说明串口驱动安装完成。注意：COM 号可以不相同，其中 COM3 和 COM4 是 Type-C 接口，用于调试程序；COM6 用于串口通信。

注意：连接 Type-C 和 RJ45 USB 转串口线之后，在图 1.1.8 中一定要有②所示的 3 个串口信息，否则无法使用。

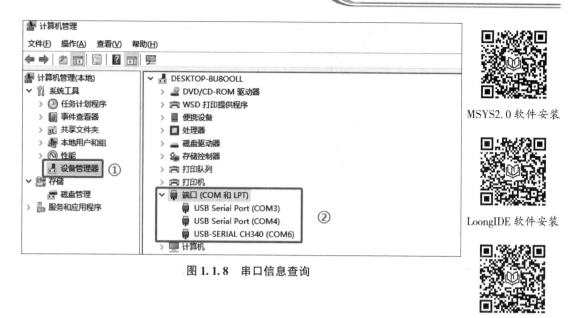

图 1.1.8　串口信息查询

MSYS2.0 软件安装

LoongIDE 软件安装

GNU 工具链导入

任务小结

通过龙芯 1x 集成开发的环境配置，了解嵌入式系统、LS1B 开发套件和 LoongIDE 的基础知识，掌握 LoongIDE 的环境搭建和安装。

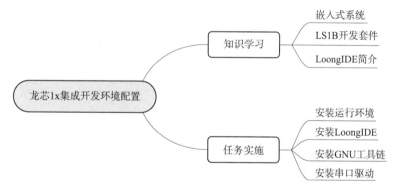

任务拓展

熟悉全国职业院校技能大赛嵌入式系统应用开发赛项（高职组）所属产业或覆盖行业中已经颁布实施的国际、国家、行业技术、职业资格标准与规范：

（1）嵌入式系统设计工程技术人员国家职业技能标准（职业编码 2-02-10-06）。

（2）广电和通信设备电子装接工国家职业技能标准（职业编码 6-25-04-07）。

（3）广电和通信设备调试工国家职业技能标准（职业编码 6-25-04-08）。

（4）计算机程序设计员国家职业技能标准（职业编码 4-04-05-01）。

（5）智能硬件装调员国家职业技能标准（职业编码 6-25-04-10）。

（6）人工智能工程技术人员国家职业技能标准（职业编码 6-25-02-06）。

（7）嵌入式软件 C 语言编码规范（GB/T 28169—2011）。

（8）信息技术 嵌入式系统术语（GB/T 22033—2017）。

（9）嵌入式系统 系统工程过程应用和管理（GB/T 28173—2011）。

（10）物联网边缘计算第 1 部分：通用要求（GB/T 20192140-T-469）。

（11）嵌入式边缘计算软硬件开发职业技能等级标准。

任务 1.2 龙芯 1x 项目开发与调试

任务描述与要求

采用嵌入式边缘计算软硬件开发开发板，在 LoongIDE 中新建项目，编写简单程序，实现串口打印输出"社会主义核心价值观"内容。

知识学习

一、嵌入式 C 语言基础

1. const 用法

C 语言中使用 const 修饰变量，功能是对变量声明为只读特性，并保护变量值以防被修改。

1）修饰变量/数组

当用 const 修饰定义变量时，必须对变量进行初始化。

const 修饰变量可以起到节约空间的效果，通常编译器并不给普通 const 只读变量分配空间，而是将它们保存在符号列表中，无须读写内存操作，程序执行效率也会提高。

2）修饰指针

常量指针（常指针），可以理解为常量的指针，即这个是指针，但指向的是一个常量。const 限定了指针指向空间的值不可修改。

指针常量，本质是一个常量。指针常量的值是指针，这个值因为是常量，所以不能被赋值。const 限定了指针不可修改。

```
int i = 5;
int k = 10;
int const * p1 = &i;              //常量指针
int *  const p2 = &k;             //指针常量
```

对于指针 p1，const 修饰的是 * p1，即 p1 指向空间的值不可改变，如 * p1＝20，就是错误的用法；但是 p1 的值是可以改变的，如 p1＝&k，则没有任何问题。

对于指针 p2，const 修饰的是 p2，即指针本身 p2 不可更改，而指针指向空间的值是可以改变的，如 * p2＝15，是没有问题的；而 p2＝&i，则是错误的用法。

2. static 用法

常见的局部变量和全局变量的特点可简单概况为：

（1）局部变量会在每次声明的时候被重新初始化（如果在声明的时候有初始化赋值），

不具有记忆能力，其作用范围仅在某个块作用域可见。

（2）全局变量只被初始化一次，之后会在程序的某个地方被修改，其作用范围可以是当前的整个源文件或者工程。

static 关键词在嵌入式开发中使用频率较高，可以在一定程度上弥补局部变量和全局变量的局限性。

1）静态局部变量

满足局部变量的作用范围，但是拥有记忆能力，不会在每次生命周期内都初始化一次，这个作用可实现计数功能。例如，在下面这个函数中，变量 num 就是静态局部变量，当第一次进入 cnt 函数时被声明，然后执行自加操作，num 的值就等于 1；当第二次进入 cnt 函数时，num 不会被重新初始化变成 0，而是保持 1，再自增则变成了 2，以此类推，其作用域仍然是 cnt 这个函数体内。

```
void cnt(void) {
    static int num = 0;
    num++;
}
```

2）静态全局变量

将全局变量的作用域缩减到了仅当前源文件可见，其他文件不可见；静态全局变量的优势是增强了程序的安全性和健壮性。

3）static 修饰函数

让函数仅在本文件可见，其他文件无法对其进行调用，如在 example1. c 文件里面进行以下定义：

```
static void gt_fun(void) {
    . . .
}
```

那么 gt_fun 函数只能在 example1. c 中被调用，在 example2. c 中无法调用。如果不使用 static 来修饰这个函数，那么只需要在 example2. c 中使用 extern 关键词写下语句 extern void gt_fun(void)，即可调用 gt_fun 函数。

3. extern 用法

在 C 语言中，extern 关键词用于指明函数或变量定义在其他文件中，提示编译器遇到此函数或者变量时到其他模块去寻找其定义，这样被 extern 声明的函数或变量就可以被本模块或其他模块使用。因此，extern 关键词修饰的函数或者变量是一个声明而不是定义，例如：

```
/*  example. c */
uint16_t a = 0;
uint16_t max(uint16_t i, uint16_t j) {
    return ((i>j)? i:j);
}
```

而在 main. c 中，如果没有 include example. c，但又想使用 example. c 中定义的变量，则使用 extern 关键词：

```
/* main. c */
#include <stdio. h>
extern uint16_t a;
extern uint16_t max(uint16_t i, uint16_t j);
void main(void) {
    printf("a=%d\r\n", a);
    printf("Max number between 5 and 9: %d\r\n", max(5, 9));
}
```

extern 关键词还有一个重要的作用，就是如果在 C++程序中要引用 C 语言的文件，则需要用以下格式：

```
#ifdef _cplusplus
extern "C"{
#endif
. . .
#ifdef _cplusplus
}
#endif
```

这段代码的含义是，如果当前是 C++环境（_cplusplus 是 C++编译器中定义的宏），要编译花括号｛｝里面的内容需要使用 C 语言的文件格式进行编译，而 extern "C" 就是向编译器指明这个功能的语句。

4. volatile 用法

volatile 原意是 "易变的"，在嵌入式环境中用 volatile 关键词声明的变量，在每次对其值进行引用的时候都会从原始地址取值。由于该值 "易变" 的特性，所以，针对其任何赋值或者获取值操作都会被执行（而不会被优化）。由于这个特性，所以该关键词在嵌入式编译环境中经常用来消除编译器的优化，可以分为以下三种情景：

（1）修饰硬件寄存器；

（2）修饰中断服务函数中的非自动变量；

（3）在有操作系统的工程中修饰被多个应用修改的变量。

在有操作系统（如 RTOS、uCOS-II、Linux 等）的程序中，如果有多个任务对同一个变量进行赋值或取值，那么这一类变量也应使用 volatile 来修饰保证其可见性。所谓可见，即当前任务修改了这一变量的值，同一时刻，其他任务此变量的值也发生了变化。

5. enum 用法

enum 是 C 语言中用来修饰枚举类型变量的关键词，使用 enum 关键词可以创建一个新的 "类型" 并指定它可具有的值。注意：枚举类型是一种基本数据类型，一个枚举常量占的字节数为 4 个字节，仅仅恰好和 int 类型的变量占的字节数相同，并不意味着枚举类型等同于 int 类型。

```
typedef enum week {
    Mon = 1,
    Tues,
```

```
    Wed,
    Thurs
} day;
```

（1）在没有显式说明的情况下，枚举常量默认第一个枚举常量的值为 0，往后每个枚举常量依次递增 1；

（2）在部分显式说明的情况下，未指定的枚举名的值将依着之前最后一个指定值向后依次递增；

（3）一个整数不能直接赋值给一个枚举变量，必须用该枚举变量所属的枚举类型进行类型强制转换后才能赋值；

（4）同一枚举类型中不同的枚举成员可以具有相同的值；

（5）同一个程序中不能定义同名的枚举类型，不同的枚举类型中也不能存在同名的枚举成员（枚举常量）。

枚举类型的目的是提高程序的可读性，其语法与 struct 的语法类似。只要是能使用整型常量的地方就可以使用枚举常量。例如，在声明数组时可以使用枚举常量表示数组的大小，在 switch 语句中可以把枚举常量作为标签。

6. typedef 用法

typedef 工具是一个高级数据特性，利用 typedef 可以为某一类型自定义名称。这方面与 #define 类似，但是两者有三处不同：

（1）typedef 创建的符号只受限于类型，不能用于值；

（2）typedef 由编译器解释，不是预处理器；

（3）在其受限范围内，typedef 比 #define 更灵活。

假设要用 BYTE 表示 1 字节的数组，只需要像定义一个 char 类型变量一样定义 BYTE，然后在定义前面加上关键词 typedef 即可：

```
typedef unsigned char BYTE;
```

随后便可使用 BYTE 来定义变量：

```
BYTE x, y[10];
```

为现有类型创建一个名称，看起来是多此一举，但是它有时的确很有用。在前面的示例中，用 BYTE 代替 unsigned char 表明用 BYTE 类型的变量表示数字而不是字符。使用 typedef 还能提高程序的可移植性。用 typedef 来命名一个结构体类型时，可以省略该结构的标签（struct）：

```
typedef struct {char name[50]; unsigned int age; float score; } student_info; student_info student = {"Bob", 15, 90.5};
```

使用 typedef 的第二个原因是：typedef 常用于给复杂的类型命名。例如，把 pFunction 声明为一个函数，该函数返回一个指针，该指针指向一个 void 类型。

```
typedef void (*pFunction)(void);
```

7. 预处理器与预处理指令

1）预处理指令

#define、#include、#ifdef、#else、#endif、#ifndef、#if、#elif、#line、#error、#pragma。

根据程序中的预处理指令，预处理器把符号缩写替换成其表示的内容（#define）。预处理器可以包含程序所需的其他文件（#include），可以选择让编译器查看哪些代码（条件编译）。预处理器并不知道 C 语法，基本上它的工作是把一些文本转换成另外一些文本。

2）#define 与#undef 用法

每行#define（逻辑行）都由 3 部分组成：

第 1 部分是#define 指令本身；第 2 部分是缩写，也称宏，有些宏代表值；第 3 部分称为替换列表或替换体。

一旦预处理器在程序中找到宏的示例后，就会用替换体代替该宏。从宏变成最终替换文本的过程称为宏展开。注意：预处理器会严格按照替换体直接替换，不做计算、不做优先级处理。如下面求取平方值的宏定义：

```
#define pow(x) x* x   printf("2 的平方：% d", pow(2));   输出的结果为 4   printf("2+2 的平方：% d",
pow(2+2));编译器就会这样展开:printf("2+2 的平方：% d", 2+2 *  2+2);输出结果为 8
```

但是实际按照逻辑 2+2 的平方是 16，得到 8 的结果是因为前面所说的预处理器不会做计算，只会严格按照替换体的文本进行直接替换，因此为了避免类似问题出现，应该这样改写平方宏定义：

```
#define pow(x) ((x)* (x))
printf("2+2 的平方：  % d", ((2+2)* (2+2)));
```

3）文件包含指令#include

当预处理器发现#include 预处理指令时，会查看后面的文件名并把文件的内容包含到当前文件中，即替换文件中的#include 指令，这相当于把被包含文件的全部内容输入源文件#include指令所在的位置。

#include 指令有两种形式：

```
#include <stdio. h>          //文件名在尖括号内
#include "myfile. h"         //文件名在双引号内
```

在 UNIX 中，尖括号<>告诉预处理器在标准系统目录中寻找该文件，双引号 " " 告诉预处理器首先在当前目录（或指定路径的目录）中寻找该文件，如果未找到再查找标准系统目录：

```
#include <stdio. h>              //在标准系统目录中查找 stdio. h 文件
#include "myfile. h"             //在当前目录中查找 myfile. h 文件
#include "/project/header. h"    //在 project 目录中查找
#include ". . /myheader. h"      //在当前文件的上一级目录中查找
```

4）条件编译

可以使用预处理指令创建条件编译，即可以使用这些指令告诉编译器根据编译时的条件执行或忽略代码块。条件编译还有一个用途是让程序更容易移植。改变文件开头部分的几个关键的定义即可根据不同的系统设置不同的值和包含不同的文件。

```
#ifdef、#else 和#endif 指令
#ifdef HI /* 如果用#define 定义了符号 HI，则执行下面的语句 */
```

```
#include <stdio. h>
#define STR "Hello World"
#else
/* 如果没有用#define 定义符号 HI,则执行下面的语句 */
#include "mychar. h"
#define STR "Hello China"
#endif
```

#ifdef 指令说明：如果预处理器已定义了后面的标识符，则执行#else 或#endif 指令之前的所有指令并编译所有 C 代码；如果未定义且有#elif 指令，则执行#else 和#endif 指令之间的代码。

#ifdef、#else 和 C 及 if else 很像，两者的主要区别在于预处理器不识别用于标记块的花括号{}，因此它使用#else（如果需要的话）和#endif（必须存在）来标记指令块。

#if 指令很像 C 语言中的 if。#if 后面紧跟整型常量表达式，如果表达式为非零，则表达式为真，可以在指令中使用 C 的关系运算符和逻辑运算符：

```
#if MAX==1
printf("1");
#endif
可以按照 if else 的形式使用#if 和#elif:
#if MAX==1
printf("1");
#elif MAX==2
printf("2");
#endif
```

二、LS1B 核心板

LS1B 核心板内部主要包含板载 LS1B200、板载内存、RTC 电源等。LS1B 芯片是基于 GS232 处理器核的片上系统，具有高性价比，可广泛应用于工业控制、家庭网关、信息家电、医疗器械和安全应用等领域。LS1B 采用 Wire Bond BGA256 封装。LB1B 芯片具有以下关键特性：

（1）集成一个 GS232 双发射龙芯处理器核，指令和数据 L1Cache 各 8 KB。

（2）集成一路 LCD 控制器，最大分辨率可支持 1920×1080@ 60 Hz/16 bit，集成 2 个 10/100 Mb/s自适应 GMAC。

（3）集成 1 个 16/32 位 133 MHz DDR2 控制器。

（4）集成 1 个 USB 2.0 接口，兼容 EHCI 和 OHCI。

（5）集成 1 个 8 位 NAND Flash 控制器，最大支持 32 GB。

（6）集成中断控制器，支持灵活的中断设置。

（7）集成 2 个 SPI 控制器，支持系统启动。

（8）集成 AC97 控制器。

（9）集成 1 个全功能串口、1 个四线串口和 10 个两线串口。

（10）集成 3 路 I2C 控制器，兼容 SMBUS。

（11）集成 2 个 CAN 总线控制器。

（12）集成 61 个 GPIO 端口。

（13）集成 1 个 RTC 接口。

（14）集成 4 个 PWM 控制器。

（15）集成看门狗电路

LS1B 核心板详细参数如表 1.3 所示。

表 1.3 LS1B 核心板详细参数

规格	具体参数
CPU	板载 LS1B200
内存	板载 64 MB DDR2
存储卡	板载 512KB Nor Flash
	板载 128 MB NAND Flash
尺寸	72 mm×46 mm
连接器	4 个板对板 Molex 连接器
输入电源	载板提供 3.3 V 电源，RTC 电源

三、LoongIDE 项目开发简述

LoongIDE 界面如图 1.2.1 所示。

图 1.2.1 LoongIDE 界面

1. 新建项目与项目结构讲解

1）项目创建步骤

（1）新建项目，如图 1.2.2 所示。

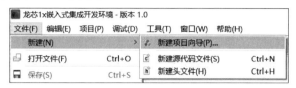

图 1.2.2 新建项目

（2）配置新项目基本信息，如图 1.2.3 所示。

图 1.2.3 配置新项目基本信息

（3）设置 MCU、工具链和操作系统，此处选择裸机开发，如图 1.2.4 所示。

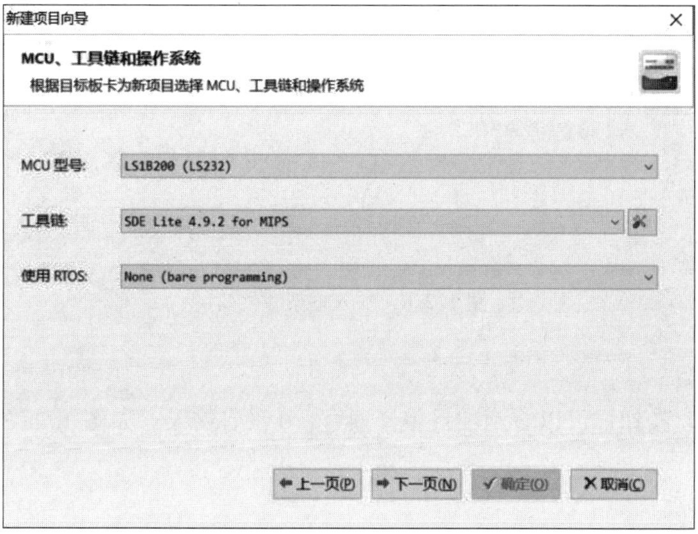

图 1.2.4 设置 MCU、工具链和操作系统

（4）组件根据项目需要自行选择，如图 1.2.5 所示。

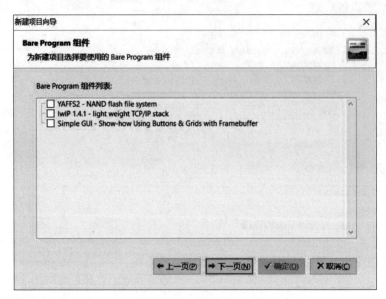

图 1.2.5　组件选择

（5）加入框架源代码。LS1B 相关源码默认勾选"为新建项目加入框架源代码"复选框，如图 1.2.6所示。单击"确定"按钮，至此项目创建完成。

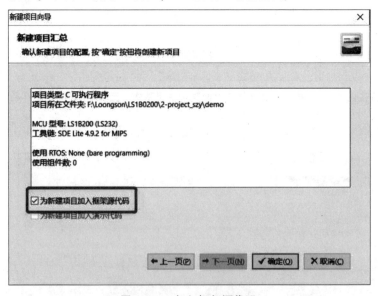

图 1.2.6　加入框架源代码

（6）编译项目。

单击"编译"按钮，可以看到项目编译通过，0 没有错误，如图 1.2.7 所示。警告可以忽略。

2）项目代码架构

项目代码架构如图 1.2.8 所示。

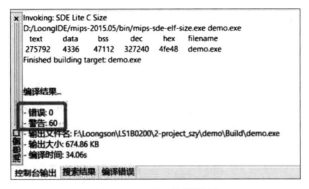

图 1.2.7　项目编译结果

文件夹 yaffs2、lwIP-1.4.1 和 gui 对应 Bare Program 的三个可选组件源码。

ls1x-drv：开发板设备的通用驱动，包含 LS1B 所有控制器。

core：启动文件和 LS1B 的引脚定义。

libc：库文件。

include：头文件。

2. 项目在线调试

LS1B 开发板在线调试时一般用板载 Lxlink 设备连接 EJTAG 接口加载程序。Lxlink 驱动是在安装 LoongIDE 时同步进行安装的。单击"调试"按钮进行在线加载程序验证，这种方式只适合在线调试，只是将程序加载到内存中，重新掉电上电后程序就被清除。若想要板卡一直使用程序，则可以下载到开发板上，使用 LoongIDE 的 NAND Flash 编程将程序下载到 NAND 存储设备中。

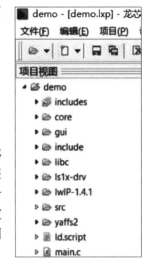

图 1.2.8　项目代码架构

任务实施

首先，采用 LS1B 开发板，连接好电源、程序调试线、程序烧写线。

其次，使用 LoongIDE 编写程序。新建项目向导、项目编译、项目调试、程序烧写等。最后，采用 printk( ) 或 printf( ) 函数打印"社会主义核心价值观"内容。

第 1 步：硬件连接。

（1）LS1B 开发板供电：可以采用 Type-C 接口线由计算机 USB 供电（但 Type-C 线一定要接，否则在线运行不了），也可以采用 6~30 V 电源适配器供电。

（2）LS1B 开发板串口调试接口：为了节约开发板空间，采用了 USB 转网口串口 RJ45 转换线作为 USB 转串口，对应开发板串口 5。

（3）LS1B 开发板程序烧写接线：计算机通过网线连接 LS1B 开发板，通过局域网对 NAND Flash 进行编程，烧写用户程序。

第 2 步：新建项目。

单击"文件"→"新建"→"新建项目向导…"，弹出"新建项目向导"对话框，如图 1.2.9 所示。输入项目名称"Task1"，则会自动创建 Task1\src 和 Task1\inclucde 两个文件夹，分别用于保存源文件和头文件。切记：一定要英文路径，文件名和文件夹不要用中文！

第 3 步：选择 MCU 型号、工具链和操作系统。

如图 1.2.10 所示，在"MCU 型号"栏选择 LS1B200，在"工具链"栏选择 SDE Lite 4.9.2 for MIPS，在"使用 RTOS"栏选择 None（bare programming）。

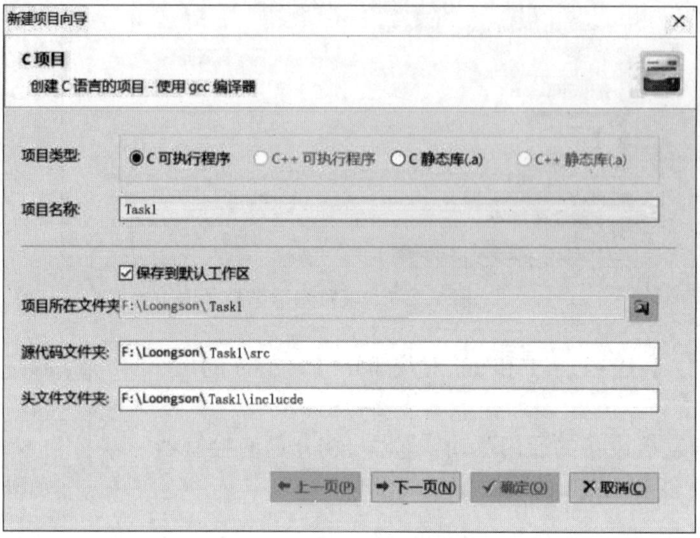

图 1.2.9　新建项目向导 1

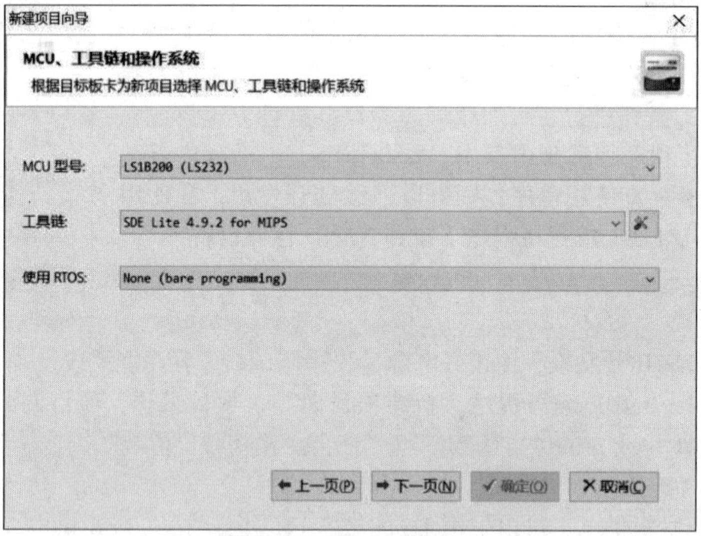

图 1.2.10　新建项目向导 2

第 4 步：项目其他配置。

项目其他配置按照图 1.2.11、图 1.2.12 操作。

第 5 步：编写程序。

在图 1.2.12 中单击"确定"按钮后，则会自动生成程序框架，如图 1.2.13 所示。可以看到芯片的 can、gpio 等外设驱动已加载到工程项目中，极大地方便用户编程。在 main.c 文件中输入 printk 代码。

第 6 步：项目编译。

可以采用以下任意一种方法进行编译。注意：第一次编译耗时较长，请耐心等待。

（1）使用快捷键 Ctrl+F9。

（2）使用主菜单"项目"→"编译"。

（3）使用工具 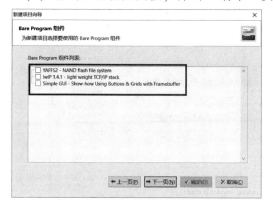 按钮，常采用这种方法。

（4）右击项目视图面板，弹出"编译"快捷菜单。

图 1.2.11　新建项目向导 3

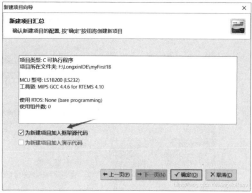

图 1.2.12　新建项目向导 4

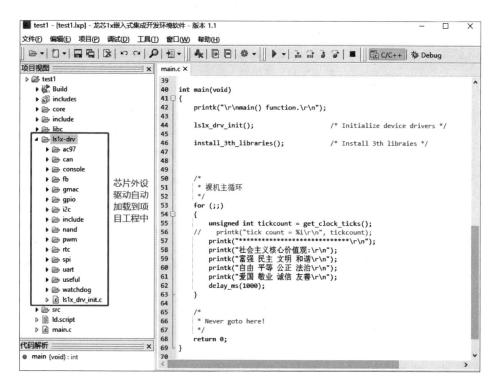

图 1.2.13　自动生成程序框架

第 7 步：调试程序。

可以采用以下任意一种方法调试程序。

（1）使用快捷键 F9。

（2）使用主菜单"调试"→"运行"。

（3）使用工具 按钮，常采用这种方法。

（4）右击项目视图面板，弹出"运行"快捷菜单。

可以采用如图 1.2.14 所示的工具栏"调试"按钮调试程序。程序全速运行时，可以在串口调试软件上看到信息循环输出结果，如图 1.2.15 所示。

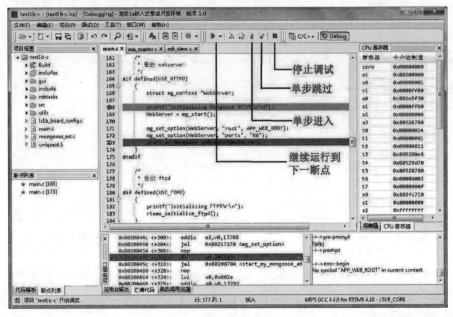

图 1.2.14 工具栏"调试"按钮

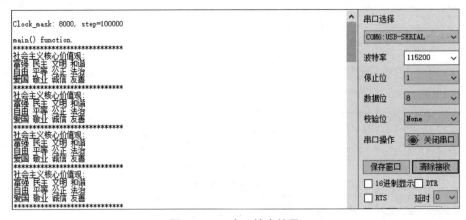

图 1.2.15 串口输出结果

第 8 步：烧写（下载）程序。

（1）连线。采用网线连接计算机网口与开发板网口，因为 LoongIDE 是使用网络下载程序。另外，给开发板供电，可以采用 Type-C 供电（Type-C 除供电外，还需要它调试程序），也可以采用电源适配器供电。各类线的连接方式如图 1.2.16 所示。

图 1.2.16 各类线的连接方式

（2）配置网络。若服务器是计算机，则需要将计算机本地 IP 设置为固定 IP 地址，设置如下：使用快捷键：win+i，选择"网络和 Internet"；再选择"以太网"→"更改适配器选项"，最后选择"以太网"，如图 1.2.17 所示。

图 1.2.17　配置网络过程

双击"以太网"，选择 TCP/IPv4，再单击"属性"按钮，按照图 1.2.18 所示配置计算机 IP。

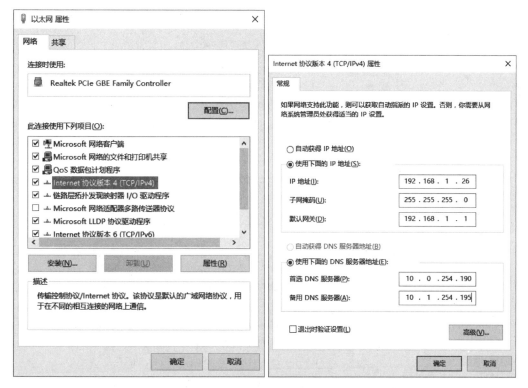

图 1.2.18　配置计算机 IP

注意：计算机作为服务器，LS1B 开发板作为用户端，两者必须在同一网段。所以计算机 IP 前面三项要与 LS1B 开发板的 IP 一样，最后一项不同。LS1B 开发板的 IP 如图 1.2.19 所示，LS1B 开发板开机后，可以在 LCD 屏中看到 IP 地址。

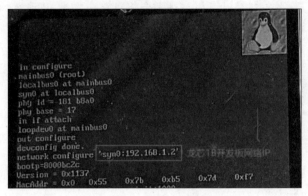

图 1.2.19　LS1B 开发板的 IP

（3）打开 LoongIDE，单击工具栏中的"工具"选项，在弹出的快捷菜单中选择"NAND Flash 编程"命令，如图 1.2.20 所示。

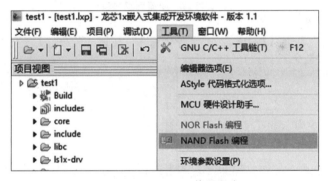

图 1.2.20　LoongIDE 烧写程序 1

弹出"NAND Flash 编程"对话框，选择需要烧写的 .exe 文件，如图 1.2.21 所示。注意：一定要在非中文路径下，且烧写的文件路径必须为非中文路径。程序烧写成功如图 1.2.22 所示。

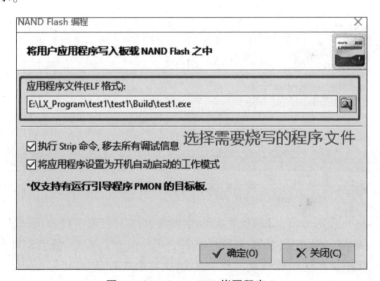

图 1.2.21　LoongIDE 烧写程序 2

图 1.2.22 程序烧写成功

新建项目

任务小结

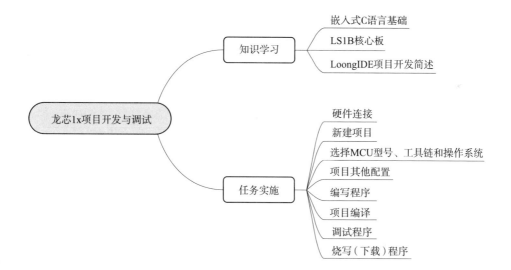

任务拓展

熟悉职业院校技能大赛嵌入式系统应用开发赛项（高职组）规程：
（1）2022 年重庆市职业院校技能大赛赛项规程。
（2）2023 年全国职业院校技能大赛赛项规程。

项目评价与反思

任务评价如表 1.4 所示，项目总结反思如表 1.5 所示。

表 1.4 任务评价

评价类型	总分	具体指标	得分		
			自评	组评	师评
职业能力	55	正确搭建 LoongIDE 的开发环境			
		正确安装 LoongIDE			
		在 LoongIDE 中新建项目			
		编写简单程序			
职业素养	20	按时出勤			
		安全用电			
		编程规范			
		接线正确			
		及时整理工具			
劳动素养	15	按时完成，认真填写记录			
		保持工位整洁有序			
		分工合理			
德育素养	10	具备工匠精神			
		爱党爱国、认真学习			
		协作互助、团结友善			

表 1.5 项目总结反思

目标达成度：	知识：	能力：	素养：
学习收获：		教师评价：	
问题反思：			

项目二

基于龙芯的 GPIO 端口控制

本项目介绍 LS1B200 的 GPIO 工作模式、GPIO 的 API 函数和 GPIO 的开发步骤。通过理实一体化的学习，熟悉 LS1B200 的 GPIO 结构、寄存器、复用方式，以及编写 GPIO 相关程序，实现 LED 灯闪烁、蜂鸣器控制、数码管显示控制等任务。

任务 2.1　LED 灯闪烁

任务描述与要求

在 LS1B 开发板上，实现 LED 闪烁，控制 LED 的闪烁速度。

知识学习

一、GPIO 的结构

LS1B200 具有 61 位 GPIO，支持位操作。当 GPIO 作为输入时，高电平电压范围是 3.3 ~ 5 V，低电平是 0 V；当 GPIO 作为输出时，高电平是 3.3 V，低电平是 0 V；GPIO 对应的所有 PAD 都是推拉方式。

1. GPIO 引脚及复用

GPIO 引脚编号：GPIO00 ~ GPIO61，但是没有 GPIO31，共计 61 个引脚，如表 2.1 所示。每个引脚可以复用多种功能，初始功能不是数字量输入输出功能，而是外设功能。

2. GPIO 寄存器

LS1B200 的 GPIO 寄存器有 4 种类型，每种类型有 2 个。GPIO 寄存器功能描述如表 2.2 所示。8 个 32 位寄存器负责 GPIO 的复用配置、输入输出方向设置、数据输入和数据输出，寄存器的每位对应一个引脚。

表 2.1 GPIO 引脚及复用情况

PAD 外设 （初始功能）	GPIO 功能	第一复用	第二复用	第三复用	12 组两线 UART	复位状态
PWM0 PWM0 波形输出	GPIO00	NAND_RDY *	SPI1_CSN[1]	UART0_RX		
PWM1 PWM1 波形输出	GPIO01	NAND_CS *	SPI1_CSN[2]	UART0_TX		
PWM2 PWM2 波形输出	GPIO02	NAND_RDY *		UART0_CTS		
PWM3 PWM3 波形输出	GPIO03	NAND_CS *		UART0_RTS		
LCD_CLK LCD 时钟	GPIO04					
LCD_VSYNC LCD 列同步	GPIO05					
LCD_HSYNC LCD 行同步	GPIO06					
LCD_EN LCD 使能信号	GPIO07					
LCD_DAT_B0 LCD_BLUE0	GPIO08			UART1_RX		
LCD_DAT_B1 LCD_BLUE1	GPIO09					
LCD_DAT_B2 LCD_BLUE2	GPIO10					
LCD_DAT_B3 LCD_BLUE3	GPIO11					
LCD_DAT_B4 LCD_BLUE4	GPIO12					
LCD_DAT_G0 LCD_GREEN0	GPIO13			UART1_CTS		
LCD_DAT_G1 LCD_GREEN1	GPIO14			UART1_RTS		
LCD_DAT_G2 LCD_GREEN2	GPIO15					
LCD_DAT_G3 LCD_GREEN3	GPIO16					
LCD_DAT_G4 LCD_GREEN4	GPIO17					
LCD_DAT_G5 LCD_GREEN5	GPIO18					内部上拉，复位输入
LCD_DAT_R0 LCD_RED0	GPIO19			UART1_TX	UART1_TX	
LCD_DAT_R1 LCD_RED1	GPIO20					
LCD_DAT_R2 LCD_RED2	GPIO21					
LCD_DAT_R3 LCD_RED3	GPIO22					
LCD_DAT_R4 LCD_RED4	GPIO23					

续表

PAD外设 （初始功能）	PAD外设描述	GPIO 功能	第一复用	第二复用	第三复用	12组两线 UART	复位状态
SPI0_CLK	SPI0 时钟	GPIO24					
SPI0_MISO	SPI0 主入从出	GPIO25					启动配置
SPI0_MOSI	SPI0 主出从入	GPIO26					
SPI0_CS0	SPI0 选通信号 0	GPIO27					
SPI0_CS1	SPI0 选通信号 1	GPIO28					
SPI0_CS2	SPI0 选通信号 2	GPIO29					
SPI0_CS3	SPI0 选通信号 3	GPIO30					
SCL	第一路 12C 时钟	GPIO32					
SDA	第一路 12C 数据	GPIO33					
AC97_SYNC	AC97 同步信号	GPIO34					
AC97_RST	AC97 复位信号	GPIO35					
AC97_DI	AC97 数据输入	GPIO36					
AC97_DO	AC97 数据输出	GPIO37					
CAN0_RX	CAN0 数据输入	GPIO38	SDA1	SPI1_CSN0	UART1_DSR	UART1_2RX	内部上拉，复位输入
CAN0_TX	CAN0 数据输出	GPIO39	SCL1	SPI1_CLK	UART1_DTR	UART1_2TX	
CAN1_RX	CAN1 数据输入	GPIO40	SDA2	SPI1_MOSI	UART1_DCD	UART1_3RX	
CAN1_TX	CAN1 数据输出	GPIO41	SCL2	SPI1_MISO	UART1_RI	UART1_3TX	
UART0_RX	UART0 接收数据	GPIO42	LCD_DAT22	GMAC1_RCTL		UART0_0RX	
UART0_TX	UART0 发送数据	GPIO43	LCD_DAT23	GMAC1_RX0		UART0_0TX	
UART0_RTS	UART0 请求发送	GPIO44	LCD_DAT16	GMAC1_RX1		UART0_1TX	
UART0_CTS	UART0 允许发送	GPIO45	LCD_DAT17	GMAC1_RX2		UART0_1RX	
UART0_DSR	UART0 设备准备好	GPIO46	LCD_DAT18	GMAC1_RX3		UART0_1RX	
UART0_DTR	UART0 终端准备好	GPIO47	LCD_DAT19	UART0_2TX		UART0_2RX	

续表

PAD 外设 （初始功能）	PAD 外设描述	GPIO 功能	第一复用	第二复用	第三复用	12 组两线 UART	复位状态
UART0_DCD	UART0 载波检测	GPIO48	LCD_DAT20	GMAC1_MDCK		UART0_3RX	
UART0_RI	UART0 振铃提示	GPIO49	LCD_DAT21	GMAC1_MDIO		UART0_3TX	
UART1_RX	UART1 接收数据	GPIO50		GMAC1_TX0	NAND_RDY *	UART1_0RX	
UART1_TX	UART1 发送数据	GPIO51		GMAC1_TX1	NAND_CS *	UART1_0TX	
UART1_RTS	UART1 请求发送	GPIO52		GMAC1_TX2	NAND_CS *	UART1_1TX	
UART1_CTS	UART1 允许发送	GPIO53		GMAC1_TX3	NAND_RDY *	UART1_1RX	
UART2_RX	UART2 接收数据	GPIO54				UART2_RX	内部上拉，复位输入
UART2_TX	UART2 发送数据	GPIO55				UART2_TX	
UART3_RX	UART3 接收数据	GPIO56				UART3_RX	
UART3_TX	UART3 发送数据	GPIO57				UART3_TX	
UART4_RX	UART4 接收数据	GPIO58				UART4_RX	
UART4_TX	UART4 发送数据	GPIO59				UART4_TX	
UART5_RX	UART5 接收数据	GPIO60				UART5_RX	
UART5_TX	UART5 发送数据	GPIO61				UART5_TX	

（1）配置寄存器：配置寄存器 0 和配置寄存器 1。

（2）输入输出使能寄存器：输入输出使能寄存器 0 和输入输出使能寄存器 1。

（3）数据输入寄存器：数据输入寄存器 0 和数据输入寄存器 1。

（4）数据输出寄存器：数据输出寄存器 0 和数据输出寄存器 1。

表 2.2 GPIO 寄存器功能描述

基地址	位	寄存器名称	读/写	寄存器功能描述
0XBFD010C0	32	GPIOCFG0 配置寄存器 0	R/W	GPIOCFG0［30∶0］分别对应 GPIO30∶GPIO00 1：对应 PAD 为 GPIO 功能（数字 I/O 功能） 0：对应 PAD 为普通功能（复用功能） 复位值：32'hf0ffffff
0XBFD010C4	32	GPIOCFG1 配置寄存器 1	R/W	GPIOCFG1［29∶0］分别对应 GPIO61∶GPTO32 1：对应 PAD 为 GPIO 功能（数字 I/O 功能） 0：对应 PAD 为普通功能（复用功能） 复位值：32'hffffffff
0XBFD010D0	32	GPIOEN0 输入输出使能寄存器 0	R/W	GPIOEN0［30∶0］分别对应 GPIO30∶GPIO00 1：对应 GPIO 被控制为输入 0：对应 GPIO 被控制为输出 复位值：32'hf0ffffff
0XBFD010D4	32	GPIOEN1 输入输出使能寄存器 1	R/W	GPIOEN1［29∶0］分别对应 GPIO61∶GPIO32 1：对应 GPIO 被控制为输入 0：对应 GPIO 被控制为输出 复位值：32'hffffffff
0XBFD010E0	32	GPIOIN0 数据输入寄存器 0	R	GPIOIN0［30∶0］分别对应 GPIO30∶GPIO00 1：GPIO 输入值 1，PAD 驱动输入为 3.3 V 0：GPIO 输入值 0，PAD 驱动输入为 0 V 复位值：32'hffffffff
0XBFD010E4	32	GPIOIN1 数据输入寄存器 1	R	GPIOIN1［29∶0］分别对应 GPIO61∶GPIO32 1：GPIO 输入值 1；PAD 驱动输入为 3.3 V 0：GPIO 输入值 0；PAD 驱动输入为 0 V 复位值：32'hffffffff
0XBFD010F0	32	GPIOOUT0 数据输出寄存器 0	R/W	GPIOOUT0［30∶0］分别对应 GPIO30∶GPIO00 1：GPIO 输出值 1，PAD 驱动输出为 3.3 V 0：GPIO 输出值 0，PAD 驱动输出为 0 V 复位值：32'hffffffff
0XBFD010F4	32	GPIOOUT1 数据输出寄存器 1	R/W	GPIOOUT1［29∶0］分别对应 GPIO61∶GPTO32 1：GPIO 输出值 1，PAD 驱动输出为 3.3 V 0：GPIO 输出值 0，PAD 驱动输出为 0 V 复位值：32'hffffffff

GPIO 寄存器定义代码为：

```
/* 配置寄存器。1:对应 PAD 为 GPIO 功能; 0:对应 PAD 为普通功能*/
#define            LS1B_GPIO_CFG_BASE   0XBFD010C0
/* 输入输出使能寄存器。1:对应 GPIO 被控制为输入; 0:对应 GPIO 被控制为输出*/
#define            LS1B_GPIO_EN_BASE 0XBFD010D0
/* 数据输入寄存器。1: GPIO 输入值 1,PAD 驱动输入为 3.3 V; 0: GPIO 输入值 0,PAD 驱动输入为 0 V*/
#define            LS1B_GPIO_IN_BASE 0XBFD010E0
/* 数据输出寄存器。1: GPIO 输出值 1,PAD 驱动输出为 3.3 V; 0: GPIO 输出值 0,PAD 驱动输出为 0 V*/
#define            LS1B_GPIO_OUT_BASE   0XBFD010F0
/*  i=0:对应 GPIO30:GPIO00; i=1:对应 GPIO61:GPIO32*/
#define LS1B_GPIO_CFG(i) (* (volatile unsigned int* )(LS1B_GPIO_CFG_BASE+i* 4))
#define LS1B_GPIO_EN(i) (* (volatile unsigned int* )(LS1B_GPIO_EN_BASE+i* 4))
#define LS1B_GPIO_IN(i) (* (volatile unsigned int* )(LS1B_GPIO_IN_BASE+i* 4))
#define LS1B_GPIO_OUT(i) (* (volatile unsigned int* )(LS1B_GPIO_OUT_BASE+i* 4))
```

3. MUX 寄存器

LS1B200 的 MUX 寄存器的作用是设置 GPIO 的复用功能。注意：在设置 GPIO 的复用功能之前，一定要先通过"配置寄存器 0"或"配置寄存器 1"配置 GPIO 引脚为普通功能（复用功能），然后再设置 MUX 寄存器。因为当引脚配置为 GPIO 功能时，MUX 寄存器的配置不起作用。

MUX 寄存器由 GPIO_MUX_CTRL0 和 GPIO_MUX_CTRL1 构成，其中 GPIO_MUX_CTRL0 的基地址为 0XBFD0_0420，GPIO_MUX_CTRL1 的基地址为 0XBFD0_0424，后面章节结合外设功能介绍 MUX 寄存器。

二、GPIO 的 API 函数及开发步骤

1. GPIO 的 API 函数

GPIO 的相关 API 函数如表 2.3 所示。

表 2.3　GPIO 的相关 API 函数

函数原型	功能描述	函数参数及返回值
static inline void gpio_enable(int ioNum, int dir)	GPIO 使能	①ioNum：GPIO 引脚，可选择 0~61 某个数字，31 除外。（其他函数涉及该参数，选择方法相同） ②dir：输入或输出模式，可选择 DIR_OUT、DIR_IN。 ③返回值：无。 ④函数位置：ls1b_gpio.h
static inline int gpio_read(int ioNum)	读 GPIO	①ioNum：GPIO 引脚。 ②返回值：GPIO 电平值。 ③函数位置：ls1b_gpio.h
static inline void gpio_write(int ioNum, bool val)	写 GPIO	①ioNum：GPIO 引脚。 ②val：将要写入 GPIO 引脚的电平状态，可选择 1 或 0，1 表示写入高电平，0 表示写入低电平。 ③函数位置：ls1b_gpio.h

函数原型	功能描述	函数参数及返回值
static inline void gpio_disable(int ioNum)	GPIO 失能	①ioNum：GPIO 引脚。 ②返回值：无。 ③函数位置：ls1b_gpio.h

GPIO 使能、读、写操作 API 函数代码如下：

```
/** 函数功能:GPIO 使能函数,设置 GPIO 复用功能,以及输入和输出方向。
** 函数参数:ioNum 为端口号 0~61 某个数字,31 除外。
dir 为输入或输出模式,可选择 DIR_OUT、DIR_IN。
** 返回值:无*/
static inline void gpio_enable(int ioNum, int dir)
{ if ((ioNum >= 0) && (ioNum < GPIO_COUNT))          //GPIO_COUNT=62
    { int register regIndex = ioNum / 32;            //ioNum 只有 0 或 1 两种值
int register bitVal = 1 << (ioNum % 32);
LS1B_GPIO_CFG(regIndex) | = bitVal;
if (dir)                                             //dir=0 表示输出,dir=1 表示输入
LS1B_GPIO_EN(regIndex) | = bitVal;
else
LS1B_GPIO_EN(regIndex) & = ~bitVal;
}
}
/** 函数功能:GPIO 读操作函数。
** 函数参数:ioNum 为端口号 0~61 某个数字,31 除外。
** 返回值:ioNum 对应引脚的值(0x0000 或 0x0001),或者-1 */
static inline int gpio_read(int ioNum)
{ if ((ioNum >= 0) && (ioNum < GPIO_COUNT))
return((LS1B_GPIO_IN(ioNum / 32)>>(ioNum % 32)) & 0x1);   //先读 32 位,再移位
else
return - 1;
}
/** 函数功能:GPIO 写操作函数。
** 函数参数:ioNum 为端口号 0~61 某个数字,31 除外。
val 为将要使引脚输出的值,布尔值 0 或 1。
** 返回值:无 */
static inline void gpio_write(int ioNum, bool val)
{ if ((ioNum >= 0) && (ioNum < GPIO_COUNT))
{ int register regIndex = ioNum / 32;
int register bitVal = 1 << (ioNum % 32);
if (val)
LS1B_GPIO_OUT(regIndex) | = bitVal;
else
```

```
    LS1B_GPIO_OUT(regIndex) &= ~bitVal;
    }
    }
//**********************************************************
gpio_enable(2,DIR_OUT);           //GPIO2 引脚输出初始化
gpio_write(2,0);                  //GPIO2 引脚输出低电平
```

2. GPIO 的开发步骤

第 1 步，调用 gpio_enable( ) 函数使能 GPIO，配置 GPIO 为输入还是输出状态。

第 2 步，调用 gpio_read( ) 函数读取 GPIO 电平。

第 3 步，调用 gpio_write( ) 函数使 GPIO 输出低电平或者高电平。

任务实施

一、任务分析

1. 硬件电路分析

LED 灯硬件电路如图 2.1.1 所示，LS1B200 引脚输出低电平时，LED 亮；引脚输出高电平时，LED 灭。UART2_RX 对应 GPIO54，UART2_TX 对应 GPIO55，PWM2 对应 GPIO02，PWM3 对应 GPIO03。

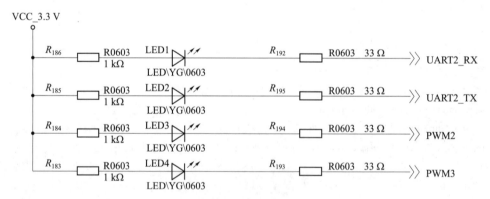

图 2.1.1 LED 灯硬件电路

2. 软件设计

首先，按照新建项目导向建立工程。

其次，调用 gpio_enable( ) 函数，初始化单片机引脚。

最后，调用 gpio_write( ) 函数控制单片机引脚输出高电平或低电平，调用 delay_ms( ) 函数延时一段时间，形成 LED 灯闪烁效果，如此循环。

二、任务实施

第 1 步：硬件连接。

先用 USB 转串口线连接计算机 USB 和 LS1B 开发板的串口（UART5），再给开发板上电。

第 2 步：新建工程。

打开"龙芯 1x 嵌入式集成开发环境"，按照"文件"→"新建"→"新建项目向导…"方式单击，新建工程。

第 3 步：增加代码。

在自动生成代码的基础上，增加 5 行代码，如图 2.1.2 所示。注意：查看函数定义的快捷操作方法：Ctrl 加"-"返回，Ctrl 加"+"前进。

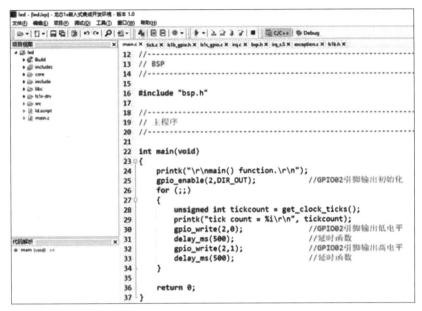

图 2.1.2　LED 闪烁代码

第 4 步：程序编译及调试。

（1）单击"编译"按钮进行编译，编译无误后，单击"调试"按钮，将程序下载到内存中。注意：此时代码没有下载到 NAND Flash 中，按下复位键后，程序会消失。

（2）改延时时间，调整 LED 闪烁速度。

（3）修改程序，控制其他 3 个 LED 闪烁。

LED 灯闪烁

任务小结

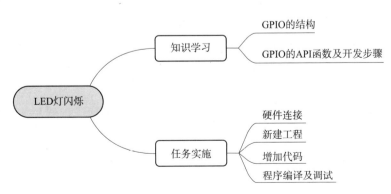

任务拓展

2023 年重庆市职业院校技能大赛高职组嵌入式应用技术开发赛项第一模块任务 1：RGB LED 灯控制。

（1）通过编程实现对板载 RGB LED 灯亮灭控制，按照红灯、绿灯、蓝灯顺序实现红灯亮起 1 s 后关闭、绿灯亮起 1 s 后关闭、蓝灯亮起 1 s 后关闭。

（2）通过编程和电路的调整，实现对板载 RGB LED 灯的红色灯光亮度渐变控制，要求实现灯光亮度由亮到暗、由暗到亮交替，缓慢闪烁，且灯光可关闭。

任务 2.2　蜂鸣器控制

任务描述与要求

通过编程实现对板载蜂鸣器每隔 1 000 ms 鸣叫一声。

知识学习

一、蜂鸣器简介

蜂鸣器是一种一体化结构的电子讯响器，采用直流电压供电，广泛应用于计算机、打印机、复印机、报警器、电子玩具、汽车电子设备、电话机、定时器等电子产品中作发声器件。蜂鸣器主要分为压电式蜂鸣器和电磁式蜂鸣器两种类型。蜂鸣器在电路中用字母"H"或"HA"表示。

二、蜂鸣器分类

（1）按其驱动方式的原理可分为有源蜂鸣器（内含驱动线路，也叫自激式蜂鸣器）和无源蜂鸣器（外部驱动，也叫他激式蜂鸣器）；

（2）按构造方式的不同可分为电磁式蜂鸣器和压电式蜂鸣器；

（3）按封装的不同可分为插针式蜂鸣器和贴片式蜂鸣器；

（4）按电流的不同可分为直流蜂鸣器和交流蜂鸣器，以直流最为常见。

压电式蜂鸣器用的是压电材料，即当受到外力导致压电材料发生形变时压电材料会产生电荷。同样，当通电时压电材料会发生形变。

三、有源蜂鸣器和无源蜂鸣器

如图 2.2.1 所示，绿色电路板的是无源蜂鸣器，没有电路板而用黑胶封闭的是有源蜂鸣器，这里的"源"不是指电源，而是指振荡源。也就是说，有源蜂鸣器内部带振荡源，所以只要通电就会叫；而无源蜂鸣器内部不带振荡源，所以如果用直流信号无法令其鸣叫，必须用 2~5 kHz 的方波去驱动它。

1. 无源蜂鸣器和有源蜂鸣器的优点

无源蜂鸣器的优点：

（1）价格便宜。

（2）声音频率可控，可以做出"哆来咪发索拉西"的效果。

（3）在一些特例中，可以和 LED 复用一个控制口。

有源蜂鸣器的优点是程序控制方便。

2. 区分有源蜂鸣器和无源蜂鸣器

判断有源蜂鸣器和无源蜂鸣器，可以用万用表电

图 2.2.1　有源蜂鸣器和无源蜂鸣器

（a）有源蜂鸣器；（b）无源蜂鸣器

阻挡 $R \times 1$ 挡测试：用黑表笔接蜂鸣器"+"引脚，红表笔在另一引脚上来回碰触，如果触发出咔咔声且电阻只有 8 Ω（或 16 Ω）的是无源蜂鸣器；如果能发出持续声音的，且电阻在几百欧以上的是有源蜂鸣器。

3. 蜂鸣器驱动电路

由于蜂鸣器的工作电流比较大，以单片机的 I/O 端口是无法直接驱动的，所以要利用放大电路来驱动，一般使用三极管来放大电流。

任务实施

一、电路图绘制

蜂鸣器电路如图 2.2.2 所示。

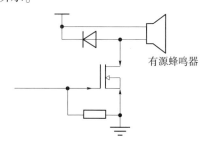

有源蜂鸣器

图 2.2.2　蜂鸣器电路

二、蜂鸣器控制程序

1. main. c

```
#include <stdio. h>
#include "ls1b_gpio. h"
#include "ls1b. h"
#include "mips. h"
#include "led. h"
#include "beep. h"
#include "bsp. h"
```

```
int temp;
int main(void)
{
    printk("\r\nmain( ) function. \r\n");
    LED_Init( );                        //LED 初始化
    KEY_Init( );                        //按键初始化
    BEEP_Init( );
    /*
     *  裸机主循环
     */
    for (;;)
    {
        BEEP_Off( );
        delay_ms(500);
        BEEP_On( );
        delay_ms(500);
    }
    return 0;
}
```

2. beep. c

```
#include "beep. h"
#include "lslb_gpio. h"
//BEEP 初始化函数
void BEEP_Init(void)
{
    gpio_enable(BEEP,DIR_OUT);
    gpio_write(BEEP,0);
}
//开启指定 BEEP 函数
void BEEP_On(void)
{
    gpio_write(BEEP,1);
}
//关闭指定 BEEP 函数
void BEEP_Off(void)
{
    gpio_write(BEEP,0);
}
```

3. led. c

```
#include "led. h"
#include "lslb_gpio. h"
//LED 初始化函数
```

```c
void LED_Init(void)
{
    gpio_enable(LED1,DIR_OUT);
    gpio_enable(LED2,DIR_OUT);
    gpio_enable(LED3,DIR_OUT);
    gpio_write(34,0);
    gpio_write(37,0);
    gpio_write(35,0);
}
//开启指定 LED 函数
void LED_On(unsigned char led_num)
{
    gpio_write(led_num,ON);
}
//关闭指定 LED 函数
void LED_Off(unsigned char led_num)
{
    gpio_write(led_num,OFF);
}
```

4. key. c

```c
#include "ls1b_gpio. h"
#include "key. h"
//按键 IO 初始化函数
void KEY_Init(void)
{
    //配置按键 IO 为输入模式
    gpio_enable(KEY_1, DIR_IN);
    gpio_enable(KEY_2, DIR_IN);
    gpio_enable(KEY_3, DIR_IN);
    gpio_enable(KEY_4, DIR_IN);
}
//按键扫描函数
unsigned char KEY_Scan( )
{
    if (gpio_read(KEY_1) == 0)
{
    delay_ms(5);                        //(消抖)
    if (gpio_read(KEY_1) == 0)          //表示的确被按下了
    {
        while (gpio_read(KEY_1) == 0);   //等待抖动完成
        return 1;
    }
}
```

```
    else if (gpio_read(KEY_2) == 0)
    {
        delay_ms(5);                          //(消抖)
        if (gpio_read(KEY_2) == 0)            //表示的确被按下了
        {
            while (gpio_read(KEY_2) == 0);    //等待抖动完成
            return 2;
        }
    }
    else if (gpio_read(KEY_3) == 0)
    {
        delay_ms(5);                          //(消抖)
        if (gpio_read(KEY_3) == 0)            //表示的确被按下了
        {
            while (gpio_read(KEY_3) == 0);    //等待抖动完成
            return 3;
        }
    }
    else if (gpio_read(KEY_4) == 0)
    {
        delay_ms(10);                         //(消抖)
        if (gpio_read(KEY_4) == 0)            //表示的确被按下了
        {
            while (gpio_read(KEY_4) == 0);    //等待抖动完成
            return 4;
        }
    }
    return 0;
}
```

任务小结

蜂鸣器控制

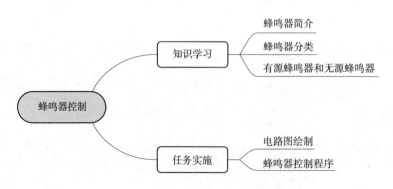

任务拓展

2023 年重庆市职业院校技能大赛高职组嵌入式应用技术开发赛项第一模块任务 2：蜂鸣器控制。

要求：通过编程实现对板载蜂鸣器的开启与关闭控制，要求能够通过按键控制蜂鸣器的开启与关闭。

任务 2.3　数码管显示控制

任务描述与要求

数码管依次显示变化的数字。

知识学习

一、数码管内部结构

数码管内部结构如图 2.3.1 所示。

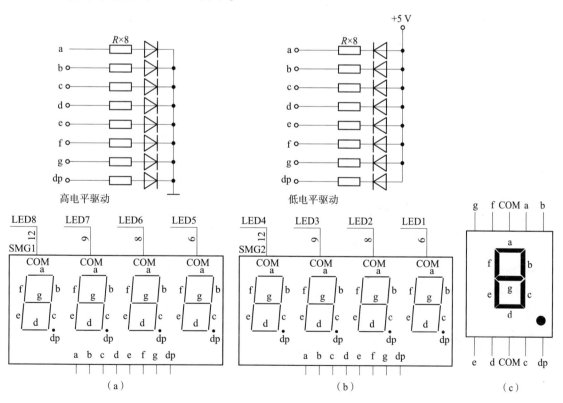

图 2.3.1　数码管内部结构

（a）共阴极；（b）共阳极；（c）符号和引脚

（1）内部结构有 8 个发光二极管，一个 8 字只需要显示 7 段，但是有一个小数点 dp，所以有 8 个发光二极管。

（2）单个数码管封装 10 个引脚。3、8 引脚是连在一起的，组成公共端。8 个发光二极管分别与一个限流电阻串联后再并联，有一个公共端，公共端可以分为共阳极或共阴极。

共阴极是公共端接地，然后给高电平让想亮的字段亮起来。想显示几，就给对应的字段高电平；共阳极给需要的字段低电平，注意发光二极管本身需要通过 5 mA 以上的电流才可以发光，且电流不得过大。但是单片机的 I/O 端口输送不了这么大的电流，所以需要驱动电路。可以用上拉电阻的方式也可以直接使用专门的驱动芯片，可以使用 74HC573 锁存器芯片、74HC138 译码器，也可以使用专门的数码管驱动芯片 LM1640。

（3）多位一体的数码管内部的公共端是独立的，而负责显示什么数字的段选线是全部连接在一起的。公共端控制哪个位亮的称为"位选线"，控制单个数码管哪一段亮的叫作"段选线"。一般单位数码管和二位数码管都有 10 个引脚，四位数码管有 12 个引脚。

二、数码管的显示方式

数码管有两种显示方式：静态显示和动态显示。

位选的作用是确定哪几位数字亮，由于段选是连在一起的所以显示的数字是相同的，这种显示方式称为静态显示。静态显示就是选中不同的数码管显示相同的数字。

动态显示又叫动态扫描显示，就是选中几个数码管同时显示不同的数字。数码管的动态显示是以扫描的方式轮流向数码管送出段选码和位选码，利用发光管的余辉和人眼的视觉暂留作用，使人感觉各位数码管同时都在显示，而实际上是多位数码管一位一位地轮流显示，只是轮流的速度非常快，人眼已经无法分辨。

由于数码管动态显示的特性，动态显示时，要在每次送完段选数据后、送入位选数据前，加上语句 P0=0xf 或 P0=0x00，看采用的是共阳极还是共阴极的数码管，这个操作叫作消影。如果不执行消影操作，语句在接下来的打开位选命令后，仍保持着上次的段选数据，该段选数据将立刻加在数码管上，接下来才是再次通过 I/O 端口给位选送入位选数据，从而导致数码管上出现混乱现象。

三、数码管显示编程思想

数码管显示步骤：（1）送段码；（2）送位选；（3）延时一下，不要超过 10 ms（不是必需的）；（4）消影。

数码管显示时，最好将段码数据和位选数据按顺序放到各自的数组中，这样调用各自的数组，便可以用数字的方式给数码管送入位选数据和段选数据，更加方便直观。

任务实施

一、数码管驱动电路

数码管驱动电路如图 2.3.2 所示。

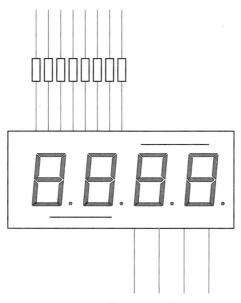

图 2.3.2　数码管驱动电路

二、数码管驱动控制程序

1. main. c

```
#include <stdio. h>
#include "ls1b. h"
#include "mips. h"
#include "smg_drv. h"
#include "bsp. h"
#ifdef BSP_USE_FB
  #include "ls1x_fb. h"
  #ifdef XPT2046_DRV
    char LCD_display_mode[ ] = LCD_800×480;
  #elif defined(GT1151_DRV)
    char LCD_display_mode[ ] = LCD_480×800;
  #else
    #error "在 bsp. h 中选择配置 XPT2046_DRV 或者 GT1151_DRV"
          "XPT2046_DRV:用于 800×480 横屏的触摸屏."
          "GT1151_DRV:用于 480×800 竖屏的触摸屏."
          "如果都不选择,注释掉本 error 信息,然后自定义: LCD_display_mode[ ]"
  #endif
#endif
int main(void)
{
    unsigned int   i=0;
```

```
        printk("\r\nmain( ) function. \r\n");
        ls1x_drv_init( );                          //驱动文件和初始化函数
        install_3th_libraries( );                  //实现组件的初始化
        SMG_Init( );
        for (;;)
        {
            i++;
            hc595_Test(i);
        }
            return 0;
}
```

2. install_3th_libraries. c

```
#include "bsp. h"
#ifdef USE_YAFFS2
#include ". . /yaffs2/port/ls1x_yaffs. h"
#endif
#ifdef USE_LWIP
extern void lwip_init(void);
extern void ls1x_initialize_lwip(unsigned char * ip0, unsigned char * ip1);
#endif
/*
*   ftp 服务器
*/
#ifdef USE_FTPD
extern int start_ftpd_server(void);
#endif
/*
*   modbus 协议包
*/
#ifdef USE_MODBUS
#endif
/*
*   lvgl GUI library
*/
#ifdef USE_LVGL
extern void lv_init(void);// in "lv_obj. c"
extern void lv_port_disp_init(void);
extern void lv_port_indev_init(void);
extern void lv_port_fs_init(void);
#endif
```

```c
//-------------------------------------------------------------------------
// Initialize Libraries by user Selected
//-------------------------------------------------------------------------
int install_3th_libraries(void)
{
    /*
     *  yaffs2 文件系统
     */
    #ifdef USE_YAFFS2
        yaffs_startup_and_mount(RYFS_MOUNTED_FS_NAME);
    #endif
    /*
     *  lwIP 1. 4. 1
     */
    #ifdef USE_LWIP
      #ifdef OS_NONE
        lwip_init( );
      #endif
        ls1x_initialize_lwip(NULL, NULL);
    #endif
#if BSP_USE_OS
    /*
     *  ftp 服务器
     */
    #ifdef USE_FTPD
        start_ftpd_server( );
    #endif
#endif
    /*
     *  modbus 协议包
     */
    #ifdef USE_MODBUS
        modbus_init(100);
    #endif
    /*
     *  lvgl GUI library
     */
    #ifdef USE_LVGL
        lv_init( );                        //系统初始化
        lv_port_disp_init( );              //显示接口
      #if defined(XPT2046_DRV) || defined(GT1151_DRV)
        lv_port_indev_init( );            //输入接口
```

```
        #endif
        #ifdef USE_YAFFS2
          lv_port_fs_init( );                        //文件接口
        #endif
    #endif
    return 0;
}
```

3. smg_drv. c

```c
#include "smg_drv. h"
#include <stdio. h>
#include "ls1b. h"
#include "mips. h"
#include "ls1b_gpio. h"
//74HC138
//#define   HC138_A(val)      GPIO_WriteBit(GPIOD, GPIO_Pin_12, (BitAction)val)
//#define   HC138_B(val)      GPIO_WriteBit(GPIOD, GPIO_Pin_13, (BitAction)val)
//#define   HC138_C(val)      GPIO_WriteBit(GPIOD, GPIO_Pin_14, (BitAction)val)
//74HC595
#define   HC595_SI(val)   gpio_write(39,val)// GPIO_WriteBit(GPIOC, GPIO_Pin_6, (BitAction)val)
#define   HC595_RCK(val) gpio_write(48,val)// GPIO_WriteBit(GPIOC, GPIO_Pin_7, (BitAction)val)
#define   HC595_SCK(val) gpio_write(49,val)//GPIO_WriteBit(GPIOC, GPIO_Pin_8, (BitAction)val)
/*****************************
功   能:数码管端口初始化
参   数:无
返回值:无
*****************************/
void SMG_Init(void)
{
    gpio_enable(39,DIR_OUT);
    gpio_enable(48,DIR_OUT);
    gpio_enable(49,DIR_OUT);
    gpio_enable(45,DIR_OUT);
    gpio_enable(44,DIR_OUT);
    gpio_enable(43,DIR_OUT);
    gpio_enable(42,DIR_OUT);
//temp = Display[num / 1000];
 HC595_Send(0xff);
}
/*****************************
功   能:HC595 发送数据
参   数:dat 数据
```

```
返回值：无
****************************/
void HC595_Send(unsigned char dat)
{
    unsigned char dat_buf = 0, i;
    for(i=0; i<8; i++)
    {
        dat_buf = dat & 0x80;
        if (dat_buf)                          //输出 1 bit 数据
        {
            HC595_SI(1);                      //将 74HC595 串行数据输入引脚设置为高电平
        }
        else
        {
            HC595_SI(0);                      //将 74HC595 串行数据输入引脚设置为低电平
        }
        HC595_SCK(0);
        delay_us(1);
        HC595_SCK(1);
        delay_us(1);
        dat <<= 1;
    }
    HC595_RCK(0);
    delay_us(3);
    HC595_RCK(1);
}
//显示的数字数组，依次为 0,1,…,7
unsigned char digivalue[ ] = {0x3F, 0x06, 0x5B, 0x4F, 0x66, 0x6D, 0x7D, 0x07};
unsigned char Display[ ] = {0x3f,0x06,0x5b,0x4f,0x66,0x6d,0x7d,0x07,0x7f,0x6f};         //不带小数点
unsigned char Display_1[ ] = {0xbf,0x86,0xdb,0xcf,0xef,0xed,0xfd,0x87,0xff,0xef,0xff,0x00};  //带小数点
/****************************
功　能：数码管位段控制
参　　数：index 对应的数码管
返回值：无
****************************/
void SMG_Sele(unsigned char index)
{
    switch(index)
    {
        case 0:
            gpio_write(45,1);
            gpio_write(44,0);
```

```
                gpio_write(43,0);
                gpio_write(42,0);
                break;
            case 1:
                gpio_write(45,0);
                gpio_write(44,1);
                gpio_write(43,0);
                gpio_write(42,0);
                break;
            case 2:
                gpio_write(45,0);
                gpio_write(44,0);
                gpio_write(43,1);
                gpio_write(42,0);
                break;
            case 3:
                gpio_write(45,0);
                gpio_write(44,0);
                gpio_write(43,0);
                gpio_write(42,1);
                break;
            default:
                gpio_write(45,0);
                gpio_write(44,0);
                gpio_write(43,0);
                gpio_write(42,0);
                break;
        }
}
/***********************************************************
* 功    能:动态数码管模拟
* 参    数:无
* 返回值: 无
***********************************************************/
void hc595_Test(unsigned short num)
{
    unsigned char temp = 0;
    unsigned char j = 0;
    if(num >= 9999)
        num = 0000;
    for(j = 0; j < 10; j++)
    {
```

```
                                     //数据选择
                                     temp = Display[num / 1000];
                                     HC595_Send(temp);
                                     SMG_Sele(0);                //数码管显示数据
                                     delay_ms(1);
                                     // 选择数据
                                     temp = Display[num / 100% 10];
                                     HC595_Send(temp);
                                     SMG_Sele(1);                //数码管显示数据
                                     delay_ms(1);
                                     // 选择数据
                                     temp = Display[num / 10% 10];
                                     HC595_Send(temp);
                                     SMG_Sele(2);                //数码管显示数据
                                     delay_ms(1);
                                     //选择数据
                                     // temp = Display[num % 10];
                                     HC595_Send(temp);
                                     SMG_Sele(3);                //数码管显示数据
                                     delay_ms(1);
            /*

                                     //数据选择
                                     //temp = Display[num / 1000];
                                     temp = 0x40;
                                     HC595_Send(temp);
                                     SMG_Sele(0);                //数码管显示数据
                                     delay_ms(5);
                                     //选择数据
                                     //temp = Display[num / 100% 10];
                                     temp = Display[num / 10% 10];
                                     HC595_Send(temp);
                                     SMG_Sele(1);                //数码管显示数据
                                     delay_ms(5);
                                     // 选择数据
                                     //temp = Display[num / 10% 10];
                                     temp = Display[num % 10];
                                     HC595_Send(temp);
                                     SMG_Sele(2);                //数码管显示数据
                                     delay_ms(5);
                                     //选择数据
```

```
        //temp = Display[num % 10];
        temp = 0x40;
         HC595_Send(temp);
         SMG_Sele(3);                    //数码管显示数据
         delay_ms(5);
    */
       }
    }
```

任务小结

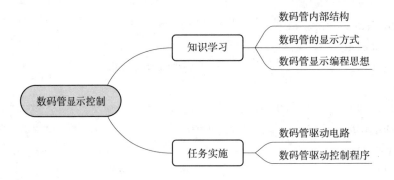

数码管显示控制

数码管显示控制
— 知识学习 — 数码管内部结构
                 数码管的显示方式
                 数码管显示编程思想
— 任务实施 — 数码管驱动电路
                 数码管驱动控制程序

任务拓展

重庆市职业院校技能大赛高职组嵌入式应用技术开发赛项第一模块任务3：数码管驱动控制。

要求：

（1）通过编程实现数码管显示竞赛日的日期。例如，竞赛日为2023年1月1日，则四位数码管应交替显示年份和日期——2023、0101，年份和日期切换显示间隔不少于3 s，即数码管显示年份至少3 s后切换显示日期，切换显示次数不少于1次。

（2）通过编程实现数码管的倒计时显示，显示格式："-××-"，××为倒计时时间，单位为s，倒计时起始时间为5 s。

（3）要求5 s倒计时结束后，数码管以500 ms频率闪烁显示"-FF-"3次，同时蜂鸣器同步响3声，RGB LED灯同步闪烁绿色指示，之后数码管显示关闭，蜂鸣器关闭，RGB LED灯关闭。

（4）要求数码管数据切换速度适中、显示数据清晰，若字符刷新速度过快，导致裁判无法确认显示字符是否正确，后果由选手自行承担。

项目评价与反思

任务评价如表2.4所示，项目总结反思如表2.5所示。

表 2.4　任务评价

评价类型	总分	具体指标	得分		
			自评	组评	师评
职业能力	55	实现 LED 闪烁，控制 LED 的闪烁速度			
		实现对板载蜂鸣器每隔 1 000 ms 鸣叫一声			
		数码管依次显示变化的数字 0~9			
职业素养	20	按时出勤			
		安全用电			
		编程规范			
		接线正确			
		及时整理工具			
劳动素养	15	按时完成，认真填写记录			
		保持工位整洁有序			
		分工合理			
德育素养	10	具备工匠精神			
		爱党爱国、认真学习			
		协作互助、团结友善			

表 2.5　项目总结反思

目标达成度：	知识：	能力：	素养：
学习收获：		教师评价：	
问题反思：			

项目三

基于龙芯的外设控制

芯片是信息产业的灵魂，通用 CPU（中央处理器）可以说是芯片中的"珠峰"。自主研发 CPU 难度很大，龙芯是中国科学院计算所自主研发的通用 CPU，采用 RISC 指令集，类似于 MIPS 指令集。通过龙芯可以开发自己的服务器、路由器，甚至是军工产品。那么龙芯是如何控制各种基础的外设，从而完成一系列复杂产品功能的呢？接下来将探索部分龙芯外设控制任务，使读者在了解 GPIO 端口的基础上更进一步。

任务 3.1 串口通信

任务描述与要求

了解 LS1B 芯片串口通信的配置；了解 LS1B 芯片串口通信的使用方法；熟悉 LS1B 芯片串口与上位机串口通信的实现。使用 LS1B 芯片串口来发送和接收数据。LS1B 通过串口和上位机的通信，收到上位机发过来的字符串，经过操作运算后返回给上位机。

知识学习

一、信号传输

在电子世界中 0 和 1 的表示，目前大致有两种方式：电平信号和差分信号。电平信号，简单来说就是根据一根线上的不同的电压区间划分成高电平和低电平（如大于 3.3 V 为高电平，小于 1.5 V 为低电平等），通过人为定义高低电平为 0 或 1 来传输信息。因为几乎不可能做到不同设备间电压完全一致，所以为了保证收发双方电压的一致性，电平信号传输通常要加一根 GND 线作共地用。

差分信号在长距离传输信息时，传输线会变成不可忽略的等效电阻，从而造成明显的压差，导致信息丢失、失真等现象。而且电平信号只有一根信号线，容易受到电磁干扰，长距离传输有明显的压差；若使用两根信号线表示，根据两根信号线同一时刻的压差区间定义 0 和 1 可以增强抗干扰性和增长传输距离。

二、信号解析

1. 同步通信和异步通信

信号解析的操作就是信号解码的过程，发送端通过对 01 串进行编码发送给接收端，而接收端通过之前约定的编码规则逆向解析。这个发送和接收过程中会产生两个问题：接收端如何判断发送端是否发送信息，以及传输信息的具体内容。

由以上的问题可以引申出两种不同的通信方式：同步通信和异步通信。

同步通信：一种比特同步通信技术，要求发收双端具有同频同相的同步时钟信号，只需在传送报文的最前面附加特定的同步字符，使发收双端建立同步，此后便在同步时钟的控制下逐位发送/接收。

异步通信：在发送字符时，所发送的字符之间的时隙可以是任意的，当然，接收端必须时刻做好接收的准备（如果接收端主机的电源都没有加上，那么发送端发送字符就没有意义，因为接收端根本无法接收）。发送端可以在任意时刻开始发送字符，因此必须在每一个字符的开始和结束的地方加上标志，即加上开始位和停止位，以便使接收端能够正确地将每一个字符接收下来。内部处理器在完成了相应的操作后，通过一个回调的机制，以便通知发送端发送的字符已经得到了回复。

2. 并行通信和串行通信

所谓通信即处理器与外部设备之间的交流，就像计算机连接键盘、鼠标或打印机之类。计算机领域的通信一般有两种方式，即并行通信和串行通信。这两种方式的优缺点对比如下：

并行通信：传输原理为数据各个位同时传输；其优点是速度快；其缺点是占用引脚资源多。

串行通信：传输原理为数据按位顺序传输；其优点是占用引脚资源少；其缺点是速度相对较慢。

嵌入式芯片的串口通信属于串行通信，此处不对并行通信赘述。串行通信，按照数据的传送方向可分为单工、半双工和全双工。

单工：数据传输只支持数据在一个方向上传输。

半双工：允许数据在两个方向上传输，但是，在某一时刻，只允许数据在一个方向上传输，实际上是一种切换方向的单工通信。

全双工：允许数据同时在两个方向上传输，因此，全双工通信是两个单工通信方式的结合，它要求发送设备和接收设备都有独立的接收和发送能力。

为了清晰地表述这三种传输方向上的区别，可以参考图 3.1.1。

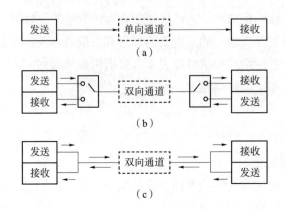

图 3.1.1　通信方式

（a）单工通信方式；（b）半双工通信方式；（c）全双工通信方式

另一种分类方式是根据通信是否有时钟信号来划分的，分为同步通信和异步通信。

同步通信指的是带有时钟同步信号，如 SPI 通信、I2C 通信；异步通信指的是不带时钟同步信号，如 UART（通用异步收发器）、单总线。

串行通信接口如表 3.1 所示。

表 3.1　串行通信接口

通信标准	引脚说明	通信方式	通信方向
UART （通用异步收发器）	TXD：发送端 RXD：接收端 GND：公共地	异步通信	全双工
单总线	DQ：发送/接收端	异步通信	半双工
SPI	SCK：同步时钟 MISO：主机输入，从机输出 MOSI：主机输出，从机输入	同步通信	全双工
I2C	SCL：同步时钟 SDA：数据输入/输出端	同步通信	半双工

3. 通信串口

串口是计算机上一种非常通用的设备通信协议。大多数计算机包含两个基于 RS-232 的串口。串口同时也是仪器仪表设备通用的通信协议；很多 GPIB 兼容的设备也带有 RS-232 串口。同时，串口通信协议也可以用于获取远程采集设备的数据。RS-232（ANSI/EIA-232 标准）是 IBM-PC 及其兼容机上的串行连接标准，有许多用途，如连接鼠标、打印机或者 Modem，同时也可以连接工业仪器仪表，用于驱动和连线的改进。实际应用中 RS-232 的传输长度或者速度常常超过标准值。RS-232 只限于 PC 串口和设备间点对点的通信。RS-232 串口通信最远距离是 50 ft[①]。作为芯片的重要外部接口，经常要用串口作为软件开发调试，

①英尺，1 ft = 0.304 8 m。

或者与上位机、其他设备通信。LS1B 内共有 12 个并行工作的 UART 接口，其功能与寄存器完全一样。LS1B 开发板提供了多路串口，寄存器与功能兼容 NS16550A、支持全双工异步数据接收/发送、支持 Modbus 通信协议、支持接受超时检测、支持带仲裁的多中断系统。

三、RS-232 串口通信

本任务将介绍如何设置串口，以达到最基本的通信功能。通过 RS-232 串口和计算机通信，波特率设置是串口最基本的设置。要使用 LS1B 的串口功能，只需设置相应 I/O 端口功能，再配置一下串口波特率、数据位长度、奇偶校验位等即可使用。首先简单介绍一下串口基本配置相关寄存器。

（1）串口波特率设置。通过配置分频锁存器的值就可配置不同的波特率。

（2）串口线路控制寄存器（LCR）。［1:0］设定每个字符的位数；［2］定义生成停止位的位数；［3］设定是否使能奇偶校验位。一般设置为 8 个数据位、1 个停止位和无奇偶校验。中断配置和其他寄存器设置参考《龙芯 1B 芯片用户手册》。

（3）串口数据寄存器（DAT）。LS1B 串口发送与接收数据都是通过 DAT 来实现的。当想 DAT 写入数据时，串口就会自动发送数据；当接收到数据时，也是从 DAT 获取数据。

（4）线路状态寄存器（LSR）。串口的状态通过此寄存器获取，是只读寄存器。这里只需关注两位，bit0 接收数据有效表示位和 bit5 传输 FIFO 为空表示位，如图 3.1.2 所示。

0	DR	1	R	接收数据有效表示位
				'0'—在FIFO中无数据
				'1'—在FIFO中有数据

图 3.1.2　线路状态寄存器（LSR）的 bit0

当 bit0 接收数据有效表示位被置 1 时，即提示已经有数据被接收到了，并且可以读取出来。此时应该尽快将 DAT 中接收到的数据读取出来；读取数据的同时，该位也会被直接清除。当 bit5 传输 FIFO 为空表示位被置 1 时，即表示数据发送完成，传输状态就绪，可以往 LSR 写入数据进行传输，同时此位清零，如图 3.1.3 所示。

5	TFE	1	R	传输FIFO位空表示位
				'1'—当前传输FIFO为空，给传输FIFO写数据
				时清零

图 3.1.3　线路状态寄存器（LSR）的 bit5

具体详细介绍请参考《龙芯 1B 芯片用户手册》。

四、串口驱动函数

LoongIDE 集成的串口驱动函数是如何实现串口的配置和使用的呢？在 LoongIDE 上，串口相关函数和定义主要在文件 ns16550. c、ns16550_p. h 和 ns16550. h 中。

（1）串口参数初始化（比特率/数据位/停止位等）。

串口初始化函数 NS16550_init 定义如下：

```
STATIC_DRV int NS16550_init(void * dev,void * arg)
```

该函数有两个参数，参数 1 为具体要初始化的串口结构体指针类型，参数 2 为要设定的波特率或者 NULL。

（2）配置 I/O 端口复用。

串口是 I/O 端口复用的，由于芯片复位后默认是复用功能，此部分可以忽略。

（3）打开串口或进一步配置串口模式，是否开启中断。

```
STATIC_DRV int NS16550_open(void * dev, void * arg)
```

若串口需要设置其他模式，则可以通过参数 2 传入。参数 2 实际传入结构体指针为 struct termios。串口打开函数主要作用：配置串口模式，若参数 2 为 NULL，则不再额外配置；根据串口结构体中断定义是否申请串口中断函数。

（4）中断处理函数。

```
Static void NS16550_interrupt_handler(int vector,void * arg)
```

最终调用的中断处理函数是 NS16550_interrupt_handler，轮询中断标识寄存器 IIR，若中断类型为接收到有效数据，且 LSR 中接收数据有效表示位被置 1，则从 DAT 读取数据存储到事前初始化好的 RX buffer 中；若查询到发送缓冲区 TX buffer 中有数据且 LSR 中传输 FIFO 位空表示位为 1，即传输就绪时，从发送缓冲区 TX buffer 取出数据写入 DAT 中，并打开发送中断。

（5）串口数据发送与接收。

串口的发送与接收都是通过 DAT 实现的。当向该寄存器写数据时，串口就会自动发送；当接收到数据时，也是从此寄存器读取出来。

向串口发送数据的函数是：

```
STATIC_DRV int NS16550_write(void * dev,void * buf,int size,void * arg)
```

当串口使用中断时，将要发送的 buf 存储到发送缓冲区 TX buffer 中；当检测到发送就绪时，从发送缓冲区 TX buffer 取出数据写入 DAT 中，并打开发送中断。

串口不打开中断，先关闭所有 mips 中断，等待传输就绪，就直接将数据往 DAT 里填写，再将 mips 中断打开。

读取串口接收到数据的函数是：

```
STATIC_DRV int NS16550_read(void * dev,void * buf,int size,void * arg)
```

当串口使用中断时，直接从串口接收缓冲区 RX buffer 获取数据即可。

当串口不使用中断，arg 为 NULL 时，检测到 LSR 接收数据有效位被置 1，则从 DAT 读取数据，当接收数据有效位为 0 时退出，返回实际获取到的数据个数；arg 不为 NULL 时，则必须接收到 size 个字节才返回。

五、硬件连接

J7 是开发板（下位机）和计算机（上位机）连接的接口，如图 3.1.4 所示。采用交叉型串口线连接开发板和计算机。注意：在进行串口通信时，需要将开发板标识"串口实训"字样处的双联开关 UART3SW 拨到 RS-232 端。在 J7 接口处接好 USB 转 RS-232 转接线。

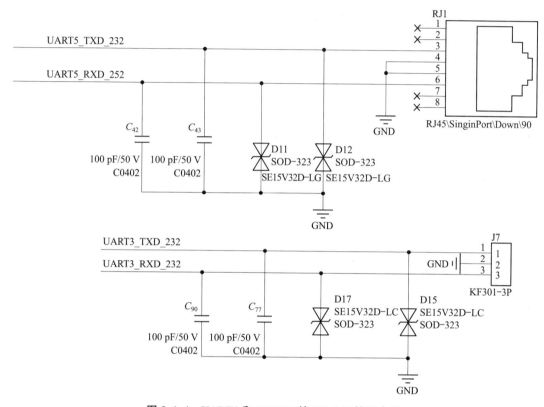

图 3.1.4　UART3 和 UART5 的 RS-232 接口电路

任务实施

1. 代码流程

首先，按照新建项目导向建立工程。

其次，调用 ls1x_uart_init（）和 ls1x_uart_open（）函数，初始化串口和打开串口。

最后，调用 ls1x_uart_read（）函数读取数据，ls1x_uart_write（）函数写入数据。

2. 程序代码

在自动生成代码的基础上，编写代码，并在 bsp.h 文件中打开 UART5 宏，main.c 代码如下：

```
#include <stdio.h>
#include "ls1b.h"
#include "mips.h"
#include "led.h"
```

```
#include "uart. h"
#include "bsp. h"
// 主程序
int main(void)
{
    LED_IO_Config_Init( );
    UART5_Config_Init( );
    for (;;)
    {
        UART5_Test( );                //串口控制函数
    }
    //return 0;
}
```

uart. c

```
#include "uart. h"
#include "ls1b. h"
#include "ls1b_gpio. h"
#include "ns16550. h"
#include "stdio. h"
#include "led. h"
#include "string. h"
#include "uart. h"
/*********************************************************************
** 函数名 :UART5_set_IO
** 函数功能 :初始化 UART 的 IO 端口
** 形参 :无
** 返回值 :无
** 说明 :   UART5_RX:60—数据接收
            UART5_TX:61—数据发送
********************************************************************* /
void UART5_Config_Init(void)
{
    unsigned int BaudRate = 9600;
    ls1x_uart_init(devUART5,(void * )BaudRate);       //初始化串口
    ls1x_uart_open(devUART5,NULL);                    //打开串口
}
int count;
```

```
char buff[256];
//测试
void UART5_Test(void)
{
    //接收数据
    count = ls1x_uart_read(devUART5,buff,256,NULL);
    if(count > 0)
    {
        //发送数据
        ls1x_uart_write(devUART5,buff,8,NULL);
    }
    delay_ms(500);
    if(strncmp(buff,"led_on",6) == 0)
    {
        LED_All_ON( );                          // 开启LED
    }
    if(strncmp(buff,"led_off",6) == 0)
    {
        LED_All_OFF( );                         //关闭LED
    }
        if(strncmp(buff,"led_demo",6)==0)
        {
        LED_Waterfall( );                       //流水灯
        }
}
```

3. 编译及调试

（1）单击"编译"按钮进行编译，编译无误后，单击"调试"按钮，将程序下载到内存中。注意：此时代码没有下载到 NAND Flash 中，按下复位键后，程序会消失。

（2）打开串口调试软件，配置串口参数后，LED 灯默认点亮白光，打开串口助手，波特率选择 9 600，发送"led_off"字符功能板板载 LED 灯熄灭，并把接收到的字符返回到串口助手；发送"led_on"字符功能板板载 LED 灯亮白光，并把接收到的字符返回到串口助手；发送"led_demo"字符功能板板载 LED 灯闪烁，并把接收到的字符返回到串口助手。

串口通信

任务小结

本任务的实施主要讲解 LS1B 芯片的串口通信的配置和芯片的串口通信的使用方法，通过代码实例使读者熟悉 LS1B 芯片串口与上位机串口通信的实现方式。

任务拓展

（1）完成 EIA-485 串口通信的程序编写。

（2）完成 2023 年职业院校技能大赛高职组嵌入式应用技术开发赛项真题：基于 LS1B 开发板，通过串口通信方式控制智能门锁的开关。

任务 3.2　PWM 控制

🔖 任务描述与要求

在 LS1B 开发板上，采用 PWM 控制方式实现 LED 呼吸灯效果。

🔖 知识学习

一、PWM 波

1. 基本概念

脉冲宽度调制（PWM）是一种数字信号，最常用于控制电路。该信号在预定义的时间和速度中设置为高电平（5 V 或 3.3 V）和低电平（0 V）。通常，将 PWM 的高电平称为 1，低电平称为 0。

2. 主要参数

1）PWM 占空比

PWM 保持高电平的时间百分比称为占空比。如果信号始终为高电平，则它处于 100% 占空比，如果它始终处于低电平，则占空比为 0。如图 3.2.1 所示，T_1/T 为占空比；T 为一个 PWM 周期。

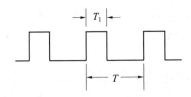

图 3.2.1　PWM 波示意图

2）PWM 频率

PWM 频率决定 PWM 完成一个周期的速度。STM32 的 MDK 编译器频率可以选择 5 MHz、10 MHz、20 MHz 和 50 MHz。

二、LS1B 芯片 PWM 结构

LS1B 芯片里实现 4 路脉冲宽度调节/计数控制器（PWM），每一路 PWM 的工作原理和控制方式完全相同，每一路 PWM 有一路脉冲宽度输出信号（pwm_o），计数脉冲频率为 DDR_CLK/2（50 MHz），计数寄存器和参考寄存器均为 24 位数据宽度，因此，LS1B 处理器

非常适合高档电机的控制。一路 PWM 的结构如图 3.2.2 所示。

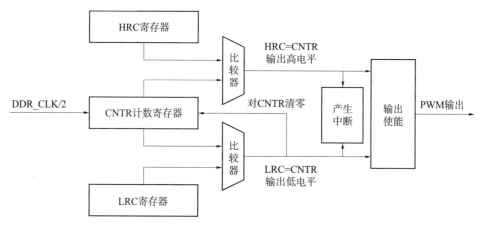

图 3.2.2　一路 PWM 的结构

四路 PWM 控制器的基地址如表 3.2 所示，PWM 引脚分布如表 3.3 所示。
每路控制器共有四个控制寄存器，如表 3.4 所示。

表 3.2　四路 PWM 控制器的基地址

名称	基地址（Base）	中断号	名称	基地址（Base）	中断号
PWM0	0XBFE5：C000	18	PWM2	0XBFE5：C020	20
PWM1	0XBFE5：C010	19	PWM3	0XBFE5：C030	21

表 3.3　PWM 引脚分布

PAD 外设 （初始功能）	PAD 外设描述	GPIO 功能	第一复用	第二复用	第三复用
PWM0	PWM0 波形输出	GPIO00	NAND_RDY *	SPI1_CSN［1］	UART0_RX
PWM1	PWM1 波形输出	GPIO01	NAND_CS *	SPI1_CSN［2］	UART0_TX
PWM2	PWM2 波形输出	GPIO02	NAND_RDY *		UART0_CTS
PWM3	PWM3 波形输出	GPIO03	NAND_CS *		UART0_RTS

表 3.4　PWM 控制寄存器

名称	地址	宽度	访问	说明
CNTR	Base+0×0	24	R/W	主计数器
HRC	Base+0×4	24	R/W	高脉冲定时参考寄存器
LRC	Base+0×8	24	R/W	低脉冲定时参考寄存器
CTRL	Base+0×C	8	R/W	控制寄存器

三、PWM 工作模式

（1）当 CNTR 计数寄存器的值等于 HRC 寄存器的值时，控制器产生高脉冲电平，并产生中断申请。

（2）当 CNTR 计数寄存器的值等于 LRC 寄存器的值时，控制器产生低脉冲电平，对 CNTR 计数寄存器清零，并产生中断申请；然后 CNTR 计数寄存器重新开始不断自加，控制器可以产生连续不断的脉冲宽度输出。

控制寄存器的设置如表 3.5 所示。

表 3.5　控制寄存器的设置

位域	访问	复位值	说　明
0	R/W	0	EN：主计数器使能位 置 1 时，CNTR 用来计数 置 0 时，CNTR 停止计数
2：1	Reserved	2' b0	预留
3	R/W	0	OE：脉冲输出使能控制位，低电平有效 置 0 时，脉冲输出使能 置 1 时，脉冲输出屏蔽
4	R/W	0	SINGLE：单脉冲控制位 置 1 时，脉冲仅产生一次 置 0 时，脉冲持续产生
5	R/W	0	INTE：中断使能位 置 1 时，当 CNTR 计数到 LRC 和 CNTR 后送中断 置 0 时，不产生中断
6	R/W	0	INT：中断位 读操作，1 表示有中断产生，0 表示没有中断 写入 1，清除中断
7	R/W	0	CNTR_RST：使 CNTR 计数寄存器清零 置 1 时，CNTR 计数寄存器清零 置 0 时，CNTR 计数寄存器正常工作

四、PWM 驱动函数

PWM 驱动源代码在 ls1x-drv/pwm/ls1x_pwm.c 中，头文件在 ls1x-drv/include/ls1x_pwm.h 中，配置代码在 include/bsp.h 中。

1. 启用 PWM 设备

需要用到哪个 PWM 设备，只需要在 bsp.h 中反注释宏定义。

2. PWM 设备参数定义

在 ls1x_pwm.c 文件中，对 PWM 设备配置参数进行结构体封装。

3. PWM 与定时器设备工作模式选择

（1）#define PWM_SINGLE_PULSE 0x01 //单次脉冲。

（2）#define PWM_SINGLE_TIMER 0x02 //单次定时器。

（3）#define PWM_CONTINUE_PULSE 0x04 //连续脉冲。

（4）#define PWM_CONTINUE_TIMER 0x08 //连续定时器。

五、PWM 用户接口函数

有 3 个用户操作的 PWM 接口函数，与驱动函数一一对应。

1. ls1x_pwm_init（pwm, arg）函数分析

（1）参数与返回值。

① pwm：PWM 设备，四路脉冲宽度调节/计数控制器，即 devPWM0、devPWM1、devP-WM2、devPWM3。

② arg：NULL。

③ 返回值：错误，-1；正常，0。

（2）函数功能：初始化 PWM，初始化 PWM 参数。

（3）对应的驱动函数：LS1x_PWM_init（void * dev, void * arg）。

2. ls1x_pwm_open（pwm, arg）函数分析

（1）参数与返回值。

① pwm：PWM 设备，四路脉冲宽度调节/计数控制器，即 devPWM0、devPWM1、devP-WM2、devPWM3。

② arg：PWM 的参数，配置结构体 pwm2_cfg。

③ 返回值：错误，-1；正常，0。

（2）函数功能：打开 PWM，配置 CTRL 控制寄存器为开始计数和计数器正常工作，打开中断。

（3）对应的驱动函数：LS1x_PWM_open（void * dev, void * arg）。

3. ls1x_pwm_close（pwm, arg）函数分析

（1）参数与返回值。

① pwm：PWM 设备，四路脉冲宽度调节/计数控制器，即 devPWM0、devPWM1、devP-WM2、devPWM3。

② arg：NULL。

③ 返回值：错误，-1；正常，0。

（2）函数功能：关闭 PWM，配置 CTRL 控制寄存器为停止计数和计数器清零，关闭中断。

（3）对应的驱动函数：LS1x_PWM_close（void * dev, void * arg）。

六、PWM 实用接口函数

（1）ls1x_pwm_pulse_start（void * pwm, pwm_cfg_t * cfg）功能描述：

① PWM 初始化。

② 调用 PWM 的 open，实现 PWM 或者定时器配置，计算 HRC 和 LRC 寄存器的值，定时器中断配置。

③ 开启 PWM 脉冲。

（2）ls1x_pwm_pulse_stop（void * pwm）功能描述：

① 停止 PWM 计数。

② 关闭中断（双中断）。

（3）ls1x_pwm_timer_start（void * pwm, pwm_cfg_t * cfg）功能描述：

① PWM 定时器初始化。

② 调用 PWM 的 open，实现 PWM 或者定时器配置，计算 HRC 和 LRC 寄存器的值，定时器中断配置。

③ 开启 PWM 脉冲。

（4）ls1x_pwm_timer_stop（void * pwm）功能描述：

① 停止 PWM 计数。

② 关闭中断（双中断）。

③ 卸载中断。

七、PWM 中断函数

PWM 中断采用双中断方式，即 LS1x_INTC_IEN（ ）和 LS1x_INTC_CLR（ ）表示 PWMx 的中断源的中断使能和中断标志位；pwm_ctrl_ien 和 pwm_ctrl_iflag 也表示 PWMx 的中断源的中断使能和中断标志位。

1. PWM 中断初始化

在 ls1x_pwm. c 文件 LS1x_PWM_init 函数中，PWM 的中断控制器中断初始化，但是没有使能 PWM 中断，该函数在 ls1x_pwm_pulse_start(void * pwm, pwm_cfg_t * cfg) 中被调用。

2. 注册 PWM 中断

在 ls1x_pwm. c 文件 LS1x_PWM_open 函数中，调用 ls1x_install_irq_handler（pwm->irq_num，LS1x_PWM_timer_common_isr，（void * ）pwm）注册中断，参数 pwm->irq_num 为中断编号；LS1x_PWM_timer_common_isr 为中断服务函数名称；（void * ）pwm 为 PWM 设备。

3. 中断响应

当 CNTR 计数寄存器的值等于 HRC 或 LRC 寄存器的值时，芯片就会产生一个中断。一般 PWM 输出不采用中断回调函数，定时器采用中断回调函数。

八、硬件电路连接

PWM2 输出硬件电路如图 3.2.3 所示，PWM2 对应 GPIO02 引脚，控制 LED3；UART2_RX 对应 GPIO54；UART2_TX 对应 GPIO55；PWM3 对应 GPIO03。

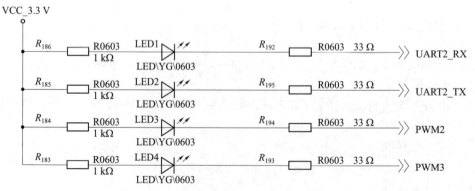

图 3.2.3 PWM2 输出硬件电路

任务实施

1. 软件流程

首先，按照新建项目导向建立工程。

其次，定义 pwm_cfg_t 结构体变量，配置参数。

最后，调用 ls1x_pwm_pulse_start( ) 函数开启 PWM 脉冲输出，调用 delay_ms( ) 函数延时一段时间，再调用 ls1x_pwm_pulse_stop( ) 函数关闭 PWM 脉冲输出，如此循环。

2. 程序代码

在自动生成代码的基础上，编写代码，并在 bsp. h 文件中打开 PWM2 宏，main. c 代码如下：

```
#include <stdio. h>
#include "ls1b. h"
#include "mips. h"
#include "bsp. h"                                //该头文件一定要写在"ls1x_pwm. h"和"ls1b_gpio. h"之前
#include "ls1x_pwm. h"
#include "ls1b_gpio. h"
int main(void)
{
    gpio_enable(54,DIR_OUT);
    gpio_enable(3,DIR_OUT);
    gpio_write(54,1);
    gpio_write(3,1);                            //将 LED1 和 LED4 熄灭
    unsigned int hrc = 1, dir = 1;
    pwm_cfg_t cfg;
    cfg. isr = NULL;
    cfg. mode = PWM_CONTINUE_PULSE;             //采用脉冲输出模式
    cfg. cb = NULL;                             //没有采用中断方式,所以不需要中断服务函数
//当 DDR 频率为 100 MHz 时,PWM 输入的高低脉冲宽度最低为 20 ns
//当 DDR 频率为 165 MHz 时,PWM 输入的高低脉冲宽度最低为 13 ns
    while(1){
        if(dir)
        hrc++;
        else
        hrc- - ;
        printk("hrc=% d \n",hrc);
        cfg. hi_ns = 5000- hrc* 100;            //5000 为 PWM 的总周期
        cfg. lo_ns = hrc* 100;
        ls1x_pwm_pulse_start(devPWM2, &cfg);
        delay_ms(20);
        ls1x_pwm_pulse_stop(devPWM2);
        if(hrc = = 49)
```

```
        dir = 0;
        If(hrc == 1)
        dir = 1;
        }
    return 0;
}
```

3. 编译及调试

（1）单击"编译"按钮进行编译，编译无误后，单击"调试"按钮，将程序下载到内存中。注意：此时代码没有下载到 NAND Flash 中，按下复位键后，程序会消失。

（2）程序加载完，可以看到 LED3 逐渐变亮，然后逐渐变暗。

PWM 控制

任务小结

本任务详细讲解了 PWM 波的原理，并对 LS1B 芯片产生 PWM 波代码进行了详细解读。

任务拓展

（1）完成 PWM 中断控制 LED 灯。

（2）完成 2023 年职业院校技能大赛高职组嵌入式应用技术开发赛项真题：基于 LS1B 芯片产生 PWM 波控制电机转速。

任务 3.3　PWM 定时器控制

任务描述与要求

在任务 3.2 的基础上，不改变硬件电路连接，将 PWM2 的工作模式设置为定时器模式，定时时长为 5 ms，每次定时时间到时进入中断，控制 LED2 的亮灭。

知识学习

对于 LS1B 芯片来说，定时器含有计时和定时功能。LS1B 芯片有两种方法来解决需要定时的问题，一种是 PWM 模拟定时器，另一种是 RTC 计时中断。本任务讲解 PWM 模拟定时器。

当工作在定时器模式下，CNTR 记录内部系统时钟（DDR_CLK/2）。设置了 HRC 和 LRC 寄存器的初始值，当 CNTR 计数寄存器的值等于 HRC 或者 LRC 的值时，芯片会产生一个中断，这样就实现了定时器功能。

CNTR 计数寄存器从零开始计数，计数频率为（DDR_CLK/2），即 50 MHz。只采用 HRC 寄存器，不需要 LRC 寄存器，当 CNTR 计数寄存器的值等于 HRC 的值时，产生中断，并通过软件对 CNTR 计数寄存器清零，如此循环计数。HRC 寄存器的值设置为 x，列方程：$x/50\,000\,000 = 5 \times 10^{-3}$，则 $x = 250\,000$。由于没有使用 LRC 寄存器，所以 LRC 寄存器的值设置为 0，如此设置可产生 5 ms 的定时。

任务实施

1. 程序代码

在自动生成代码的基础上，编写代码，并在 bsp.h 文件中打开 PWM2 宏，中断回调函数和 main 函数代码如下：

```c
#include <stdio.h>
#include "ls1b.h"
#include "mips.h"
#include "bsp.h"
#include "ls1x_pwm.h"
#include "ls1b_gpio.h"
volatile unsigned int Timer = 0;
//中断回调函数
static void pwmtimer_callback(void * pwm, int * stopit)
{
    Timer++;
}
int main(void)
{
    printk("\r\nmain( ) function. \r\n");
    gpio_enable(54,DIR_OUT);
    gpio_enable(3,DIR_OUT);
    gpio_enable(55,DIR_OUT);
    gpio_write(54,1);
    gpio_write(3,1);
    pwm_cfg_t pwm2_cfg;
    pwm2_cfg.hi_ns = 5000000;                 //5 ms
    pwm2_cfg.lo_ns = 0;
    pwm2_cfg.mode = PWM_CONTINUE_TIMER;       //脉冲持续产生
    pwm2_cfg.cb = pwmtimer_callback;
    pwm2_cfg.isr = NULL;                      //工作在定时器模式
    ls1x_pwm_timer_start(devPWM2,&pwm2_cfg);
    for (;;)
    { if(Timer <= 50) gpio_write(55,0);
      else if(Timer <= 100) gpio_write(55,1);
      else if(Timer > 100) Timer = 0;
    }
    return 0;
}
```

2. 编译及调试

（1）单击"编译"按钮进行编译，编译无误后，单击"调试"按钮，将程序下载到内存中。注意：此时代码没有下载到 NAND Flash 中，按下复位键后，程序会消失。

定时器控制

（2）程序加载完，可以看到开发板上 LED2 不停的闪烁。

任务小结

本任务对 LS1B 芯片无定时器模块的解决方法进行分析，并对完成定时功能的代码进行了详细解读。

任务拓展

（1）给定时器编写时钟代码。

（2）完成 2023 年职业院校技能大赛高职组嵌入式应用技术开发赛项真题：计时器系统设计。要求参赛选手基于功能电路板通过编程实现计时器系统的设计。

项目评价与反思

任务评价如表 3.6 所示，项目总结反思如表 3.7 所示。

表 3.6　任务评价

评价类型	总分	具体指标	得分		
			自评	组评	师评
职业能力	55	实现串口发送和接收数据			
		实现 PWM 控制			
		定时时间到时进入中断，控制 LED2 的亮灭			
职业素养	20	按时出勤			
		安全用电			
		编程规范			
		接线正确			
		及时整理工具			
劳动素养	15	按时完成，认真填写记录			
		保持工位整洁有序			
		分工合理			
德育素养	10	具备工匠精神			
		爱党爱国、认真学习			
		协作互助、团结友善			

表 3.7 项目总结反思

目标达成度：		知识：	能力：	素养：	
学习收获：			教师评价：		
问题反思：					

STM32 单片机基础知识

项目四

假如你是一名电子工程师，在公司负责嵌入式系统的开发。你已经听说过 STM32 嵌入式芯片在行业中广泛应用，并具有强大的性能和丰富的外设功能。然而，你对这款芯片的了解仍然比较有限，因此决定开始学习和探索 STM32 的相关知识。为了达到这个目标，你决定先了解 STM32 嵌入式芯片。这个任务将帮助你建立对 STM32 的基础认知，并为后续的学习和实践打下坚实的基础。

任务 4.1　了解 STM32 嵌入式芯片

任务描述与要求

任务描述：本任务旨在让学习者对 STM32 嵌入式芯片（简称 STM32 芯片）有一个初步的了解，并了解其特点、应用领域和基本知识。通过此任务，学习者将能够对 STM32 芯片有一个整体的认知，并为后续的学习和实践奠定坚实的基础。

任务要求：

1. 学习 STM32 芯片的特点。
2. 掌握 STM32 芯片的基本知识。
3. 了解 STM32 芯片的应用领域。
4. 掌握 STM32 芯片的选型。

知识学习

一、STM32 嵌入式芯片

STM32 嵌入式芯片是由意法半导体（STMicroelectronics）推出的一系列 32 位 ARM

Cortex-M 系列嵌入式芯片，如图 4.1.1 所示。STM32 芯片广泛应用于各种嵌入式系统和应用中，如工业自动化、消费电子、通信设备、汽车电子、医疗设备等。

图 4.1.1　STM32 芯片

STM32 嵌入式芯片提供了丰富的外设和功能，包括通用定时器、通信接口（UART、SPI、I2C 等）、模数转换器（ADC）、模拟比较器、PWM 输出、中断控制器、通用输入输出（GPIO）等，还配备了各种容量的 Flash、SRAM 和 EEPROM 等存储器，以满足不同的应用需求。这些芯片系列在性能、功耗、集成度和成本等方面有所区别，覆盖了从入门级到高性能、从低功耗到超低功耗的广泛范围。开发者可以根据项目需求选择适合的 STM32 芯片型号，快速开发和部署嵌入式系统。

同时，STM32 芯片还提供了丰富的开发工具和软件支持。例如，Keil MDK-ARM 是常用的开发集成环境（IDE），提供 C/C++编译器、调试器和仿真器等工具；STM32Cube 则是官方的软件开发平台，提供开发工具、软件库和示例代码，简化开发过程。

二、STM32 芯片的系列分类及基本构成

1. STM32 芯片的系列分类

（1）STM32F0 系列：入门级芯片，适用于低功耗应用。

（2）STM32F1 系列：传统型芯片，适用于大多数嵌入式应用。

（3）STM32F2 系列：性能较高的芯片，适用于要求更高计算能力的应用。

（4）STM32F3 系列：针对模拟和数字混合信号应用的芯片。

（5）STM32F4 系列：高性能芯片，适用于多媒体处理和高速通信应用。

（6）STM32F7 系列：高性能和高集成度的芯片，适用于图形界面和多媒体应用。

（7）STM32L0 系列：超低功耗芯片，适用于电池供电和低功耗应用。

（8）STM32L1 系列：超低功耗和高集成度芯片，适用于长时间供电和便携设备。

（9）STM32L4 系列：超低功耗和高性能芯片，适用于便携设备和长时间供电应用。

2. STM32 芯片的基本构成

（1）ARM Cortex-M 系列核心处理器：STM32 芯片采用 ARM Cortex-M 系列的 32 位核心处理器，如 Cortex-M0、Cortex-M3、Cortex-M4 等。这些处理器具有低功耗、高性能和低成本等特点，适用于各种嵌入式应用。

（2）存储器：STM32 芯片通常包含 Flash、SRAM 和 EEPROM 等。Flash 用于存储应用程序代码和常量数据，SRAM 用于存储临时数据和工作区域，EEPROM 用于存储可变的参数和配置数据。

（3）外设模块：STM32 芯片集成了丰富的外设模块，以支持各种功能和接口的应用需求。常见的外设模块包括通用定时器、通信接口（UART、SPI、I2C 等）、模数转换器（ADC）、数字模拟转换器（DAC）、PWM 输出、中断控制器、GPIO 等。

（4）时钟和电源管理单元：STM32 芯片具备复杂的时钟管理单元和电源管理单元，用于控制芯片内部的各种时钟信号和电源供应。时钟单元提供时钟信号给各个模块和外设，电源管理单元则负责管理芯片的供电和功耗管理。

（5）调试和编程接口：STM32 芯片通常包含用于调试和编程的接口，常见的接口有 JTAG、SWD（Serial Wire Debug）以及串行 Flash 编程接口。这些接口可以用于下载和调试应用程序代码，以及对芯片进行调试和测试。

三、STM32 芯片的应用领域及特点

STM32 芯片在各种领域的应用得到了广泛认可。在工业自动化领域，STM32 芯片在工业控制系统、机器人、传感器和执行器控制等应用中得到广泛应用。在消费电子领域，包括智能手机、平板电脑、家居安全系统、智能家居设备、音频设备等。在通信设备领域，包括路由器、交换机、物联网（IoT）设备、无线模块等。在汽车电子领域，包括汽车控制单元（ECU）、车载娱乐系统、车身电子控制等。在医疗设备领域，包括医疗监测设备、患者监护系统、诊断设备等。其丰富的外设和功能、高性能、低功耗设计、可靠性和强大的开发支持，使 STM32 芯片成为嵌入式系统开发的首选芯片之一。

STM32 芯片的特点：

（1）丰富的外设和功能。STM32 芯片提供了丰富的外设模块，包括通用定时器、通信接口、模数转换器、PWM 输出等，以满足各种应用需求。

（2）强大的计算能力。基于 ARM Cortex-M 系列核心处理器，STM32 芯片具有强大的计算能力和高性能。

（3）低功耗设计。针对不同应用场景，STM32 芯片提供了低功耗芯片和超低功耗芯片，延长设备的电池寿命。

（4）多样化的存储选项。STM32 芯片配备了 Flash、SRAM 和 EEPROM 等存储器，用于存储应用程序代码、数据和配置信息。

（5）完善的开发生态系统。STMicroelectronics 提供了丰富的开发工具和软件支持，如 Keil MDK-ARM 集成开发环境、STM32Cube 软件开发平台等，方便开发者进行嵌入式系统开发和调试。

（6）良好的可扩展性和兼容性。STM32 芯片支持多种硬件接口和通信协议，可与其他外部设备和传感器进行无缝集成。

任务实施

如何确定 STM32 嵌入式芯片的型号？

ST 公司对 STM32 的命名规则十分严格。图 4.1.2 所示为 STM32 命名规则。

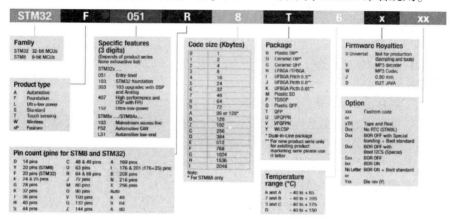

图 4.1.2　STM32 命名规则

STM32 的命名方法通常分为系列命名、型号命名、封装类型命名。

系列命名：STM32 系列芯片通常以字母"STM32"开头，后面跟着一个字母和数字的组合，代表该系列的特定型号或系列名称。例如，"STM32F4"代表 STM32 系列中的 F4 系列。

型号命名：STM32 芯片的具体型号通常由一串字母和数字组成，表示芯片的特性和规格。型号名通常由多个部分组成，每个部分之间用数字或字母分隔。通常，字母表示技术特性或系列名称，数字表示具体规格或功能级别。例如，"STM32F405RGT6"表示 STM32 系列的 F4 系列中的 405 型号，具有特定配置和功能。

封装类型命名：STM32 芯片的封装类型（Package Type）通常由 1~2 个字母构成，代表芯片封装的形式和尺寸。常见的封装类型有 LQFP（Low-profile Quad Flat Package）、BGA、LFBGA、WLCSP 等。例如，"RGT6"代表芯片封装类型为 LQFP。

了解命名规则

本书使用的芯片型号为 STM32F103ZET6，其含义如表 4.1 所示。

表 4.1　STM32F103ZET6 的含义

STM32F103ZET6	含　义
STM32	家族：32 bit 的 MCU
F	产品类型：Foundation 基础型
103	具体特性：1 系列代表增强型系列
Z	引脚数：其中 T 代表 36 脚，C 代表 48 脚，R 代表 64 脚，V 代表 100 脚，Z 代表 144 脚
E	内嵌 Flash 容量：其中 6 代表 32 KB Flash，8 代表 64 KB Flash，B 代表 128 KB Flash，C 代表 256 KB Flash，D 代表 384 KB Flash，E 代表 512 KB Flash，G 代表 1 MB Flash
T	封装：其中 H 代表 BGA 封装，T 代表 LQFP 封装，U 代表 VFQFPN 封装
6	工作温度范围：6 代表-40~85 ℃，7 代表-40~105 ℃

任务小结

通过了解 STM32 嵌入式芯片的特点及应用领域，掌握 STM32 嵌入式芯片的基本知识及选型，可以更好地理解其在嵌入式系统开发中的应用，并根据具体需求做出合理的选择。

任务拓展

全国职业院校技能大赛嵌入式系统应用开发赛项（高职组）通常涉及了解和应用 STM32 嵌入式系统开发平台。

（1）STM32 芯片的系列和型号：如 STM32F1、STM32F4 等。

（2）STM32 的开发环境和工具：如 Keil MDK-ARM 或 STM32CubeIDE 等。

（3）STM32 外设和功能模块：如 GPIO、UART/USART、SPI、I2C、定时器、ADC/DAC 等。这些外设常用于处理输入/输出、串行通信、定时/计数等任务。

（4）STM32 的编程语言和 API：一般使用 C 语言或 C++。使用 STM32 的标准库函数（如 CMSIS 和 HAL 库）进行外设的配置和操作。

（5）STM32 的中断和 DMA：STM32 芯片的中断和 DMA（直接内存访问）功能，以利用硬件加速和提高系统性能。

（6）STM32 的低功耗模式：如睡眠模式、停止模式等，以最大程度地降低功耗并延长电池寿命。

（7）STM32 的调试和优化：如调试器（ST-Link）和实时追踪器（ETM 和 ITM）。

任务 4.2　安装 Keil MDK-ARM 开发环境

任务描述与要求

任务描述：作为一名对 STM32 嵌入式芯片有一定了解的开发者，现在准备安装 Keil MDK-ARM 开发环境，以便进行 STM32 的软件开发工作。根据需求安装 Keil MDK-ARM 开发环境。

任务要求：

1. 正确安装 Keil MDK-ARM 开发环境。

2. 完成 Keil MDK-ARM 的配置。

职业技能目标

1. 成功安装 Keil MDK-ARM 开发环境。

2. 完成 Keil MDK-ARM 的配置。

知识学习

一、STM32 开发工具

STM32 开发工具是用于开发和调试 STM32 微控制器应用程序的软件工具。STM32 微控制器由 STMicroelectronics 推出，广泛应用于嵌入式系统和各种应用领域。

以下是几种常用的 STM32 开发工具：

1. STM32CubeIDE

其是 STMicroelectronics 官方提供的免费开发工具。它基于 Eclipse IDE，内置了 STM32Cube 软件库和其他工具，可以进行 STM32 芯片的代码编写、编译和调试。

2. Keil MDK-ARM

Keil MDK-ARM（Microcontroller Development Kit for ARM）是一种强大的集成开发环境（IDE），专门用于 ARM 嵌入式系统的开发。它提供了编译器、调试器和仿真器等工具，支持对 STM32 芯片进行代码编写、编译、调试和仿真。

3. IAR Embedded Workbench

IAR Embedded Workbench 是一款流行的嵌入式开发环境，支持多种处理器架构，包括 ARM。它提供了强大的编译器和调试器，适用于 STM32 的开发和调试。

4. GCC Toolchain

其是 GNU Compiler Collection（GCC）提供的一组编译器工具链，包括适用于 ARM 处理器的编译器。使用 GCC Toolchain，开发者可以进行 STM32 芯片的代码编译和构建。

5. STM32CubeMX

其是 STMicroelectronics 提供的免费可视化配置工具。它可以帮助开发者快速生成基于 STM32 微控制器的初始化代码和配置文件，简化了 STM32 外设初始化的流程。

二、Keil MDK-ARM 开发工具

Keil MDK-ARM 是一套完整的嵌入式软件开发工具，主要用于 ARM 处理器架构的开发，由德国 Keil 公司（现已被 ARM 公司收购）开发和提供。Keil MDK-ARM 提供了一个集成的开发环境，包括多个工具组件，用于开发、编译和调试 ARM 处理器上的嵌入式应用程序。以下是 Keil MDK-ARM 的主要组件和特点：

1. μVision IDE

Keil MDK-ARM 提供了 μVision IDE，它是一个功能强大的集成开发环境。μVision 提供了直观的用户界面，使开发者可以轻松地编辑代码、设置构建选项、进行调试和仿真等操作。

2. ARM 编译器

Keil MDK-ARM 内置了一款高度优化的 ARM 编译器，能够将高级语言源代码转换为优化的机器码，以实现高效的嵌入式应用程序。

3. 调试和仿真器

Keil MDK-ARM 集成了多种调试和仿真器，支持各种 ARM 处理器的调试工作。开发者可以使用调试器实时监视程序的执行状态、变量值和寄存器状态，以及进行单步调试和断点调试等操作。

4. CMSIS

Keil MDK-ARM 基于 ARM 的 CMSIS（Cortex Microcontroller Software Interface Standard）规范，提供了一系列软件组件和库，用于简化嵌入式应用程序的开发和移植工作。

5. Packs

Keil MDK-ARM 支持使用 Packs，它是一种软件组件的分发和管理机制，可以方便地添

加和更新设备支持、外设驱动程序和软件库。

Keil MDK-ARM 广泛应用于各种嵌入式系统和应用领域，因其强大的功能和提供的全面解决方案，被广大开发者认可和使用，本书采用 Keil MDK-ARM 软件开发工具。

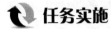 **任务实施**

一、安装 Keil MDK-ARM

1. 下载安装包

在浏览器中搜索"Keil MDK-ARM"，找到 Keil 官方网站 https：//www. keil. com/。在 Keil 官方网站找到下载（Download）界面，如图 4. 2. 1 所示。单击"MDK-Arm"下载安装包。这里下载 MDK-ARM V5. 29，如有最新版本，可使用最新版本。

图 4. 2. 1　Keil MDK-ARM 下载界面

2. 安装步骤

下载好安装包后，双击安装包，在弹出来的对话框中单击"Next"按钮开始安装，如图 4. 2. 2所示。

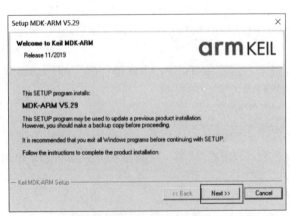

图 4. 2. 2　安装初始界面

勾选同意软件使用条款复选框，单击"Next"按钮，如图 4. 2. 3 所示。

选择安装路径，默认安装在 C 盘，单击"Next"按钮，如图 4. 2. 4 所示。

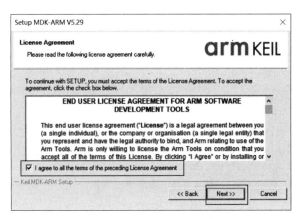

图 4.2.3　软件使用条款界面

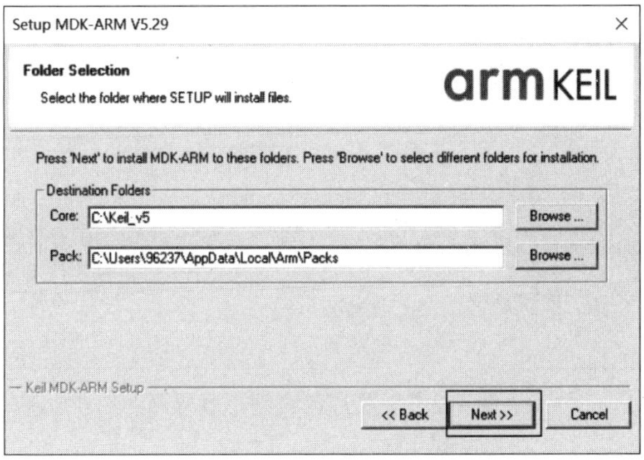

图 4.2.4　安装路径选择界面

填写用户信息，可填写空格，单击"Next"按钮，如图 4.2.5 所示。

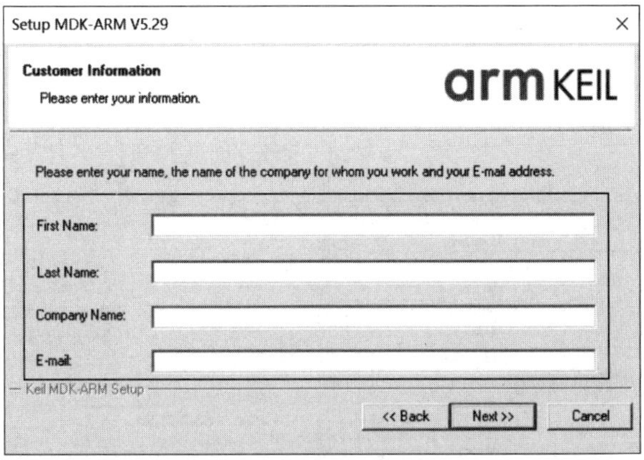

图 4.2.5　用户信息填写界面

单击"Finish"按钮，Keil MDK-ARM 安装完成，如图 4.2.6 所示。

3. 安装 Keil 配置

Keil MDK-ARM 需要安装 STM32 芯片包，可以在 Keil 官网（http://www.keil.com/dd2/

pack/）下载 STM32 芯片包，在官网找到 STM32F1 系列芯片包进行下载，如图 4.2.7 所示。

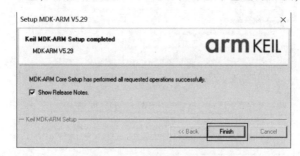

图 4.2.6　安装完成界面

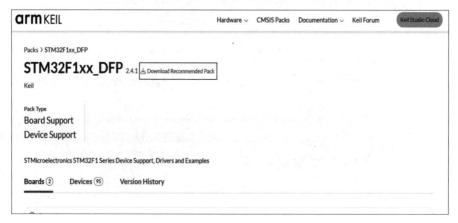

图 4.2.7　芯片包官网下载界面

软件安装

　　双击下载好的芯片包进行安装，选择与 Keil MDK-ARM 同样路径进行安装。安装成功后，在 Keil MDK-ARM 的 Pack Installer 中可以看到所安装的芯片包，如图 4.2.8 所示。在后续新建工程中，就可以有单片机的型号供选择。

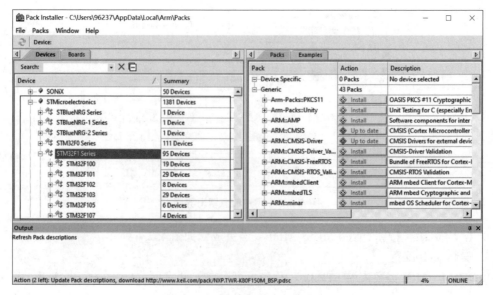

图 4.2.8　芯片包成功安装界面

任务小结

通过对 Keil MDK-ARM 的安装与配置，了解了 STM32 开发工具，掌握了 Keil MDK-ARM 的安装及配置。

任务拓展

全国职业院校技能大赛嵌入式系统应用开发赛项（高职组）中，通常涉及的软件包有：

1. CMSIS

CMSIS 是 ARM 提供的一套标准的嵌入式软件接口，包括针对 ARM Cortex-M 系列核心处理器的通用 API 和支持文件。在比赛中，使用 CMSIS 可以方便地访问和控制 ARM Cortex-M 系列核心处理器的各种功能和外设。

2. HAL（Hardware Abstraction Layer）库

HAL 库是针对不同芯片和外设的抽象层库，可以方便地管理和驱动嵌入式系统的硬件资源。HAL 库提供的函数和接口可以简化开发者对硬件的访问和控制操作。

3. RTOS（Real-Time Operating System）

RTOS 是一种实时操作系统，可以帮助开发者有效管理嵌入式系统中的任务调度、资源分配、中断处理等。常见的 RTOS 有 FreeRTOS、uCOS 等，比赛中可能涉及 RTOS 的安装和使用。

4. 通信协议库

在嵌入式系统应用开发中，常常需要使用各种通信协议进行数据交互，如 UART、SPI、I2C、CAN 等。相关的通信协议库可以提供相应的函数和接口，简化通信协议的实现和操作。

5. 图形库

在嵌入式系统应用中，有时需要显示图形界面，如 LCD 屏幕上的图像、文本等。图形库可以提供图像处理、显示和用户交互等功能，方便开发带有图形界面的嵌入式应用程序。

任务 4.3   调试 STM32 程序

任务描述与要求

任务描述：创建库函数工程模板，开始嵌入式系统设计和开发，需要理解 STM32 标准库函数，根据需求完成工程框架的建立、文件的添加及魔术棒的配置。

任务要求

1. 正确建立工程框架。
2. 正确添加文件。
3. 完成魔术棒配置。

职业技能目标

1. 理解库函数的原理和使用方法。
2. 掌握库函数工程的创建。

📖 知识学习

一、STM32 标准库函数概述

由于 32 位 STM32 寄存器在复杂的嵌入式系统设计和开发过程中非常容易出错，且代码很不好理解，也不便于维护，在寄存器开发的基础上发展而来的库函数开发方式能够有效地克服这些缺点，编程简单迅速。因此，熟练掌握库函数开发方式对于复杂嵌入式系统设计是十分必要的。

STM32 标准库函数是由 STMicroelectronics 为其 STM32 微控制器提供的一套软件函数库，也称固件库，用于简化开发人员在 STM32 平台上的应用程序开发。这些库函数封装了与 STM32 微控制器相关的底层硬件操作和功能，提供了易于使用的接口和功能，可降低开发复杂度和提高开发效率。

1. STM32 标准库函数的分类

1）GPIO 库函数

其用于配置和操作 GPIO 引脚，包括初始化引脚、设置引脚方向（输入或输出）、读取和写入引脚状态等。

2）中断库函数

其用于配置和处理中断，包括中断优先级的设置、中断使能和禁用、中断处理函数的实现等。

3）定时器库函数

其用于配置和操作定时器，包括定时器的初始化、定时器计数值的设置、定时器中断的配置等。

4）串口库函数

其提供了串口通信功能，包括串口的初始化、数据发送和接收、中断驱动等。

5）ADC 库函数

其用于配置和操作模数转换器（ADC）模块，包括 ADC 的初始化、通道选择、转换触发和结果读取等。

6）PWM 库函数

其用于产生 PWM，包括 PWM 输出通道的配置、频率和占空比的设定等。

7）SPI 和 I2C 库函数

其用于配置和操作 SPI、I2C 总线通信接口，包括总线的初始化、数据传输、中断处理等。

8）Flash 库函数

其用于对 STM32 芯片的 Flash 进行编程、擦除和读取操作。

2. 库函数开发优势

STM32 标准库函数的开发优势主要体现在以下几个方面：

（1）易于使用。

STM32 标准库函数提供了简洁、易于理解和使用的 API 接口，开发人员无须深入了解底层硬件细节即可轻松实现各种功能。这大大降低了开发门槛，尤其适合初学者和快速原型开发。

（2）高效性能。

STMicroelectronics 对 STM32 标准库函数进行了精心优化，确保其在处理器资源和内存占用方面的高效性能，使应用程序可以在有限的资源下运行得更快、更稳定。

（3）软硬件抽象层。

STM32 标准库函数引入了硬件抽象层（HAL）和低级别访问（LL）接口。HAL 提供了高层次的抽象和封装，简化了开发流程，使代码更具可读性和可维护性。LL 接口则允许开发人员直接访问底层寄存器，提供更高的灵活性和性能。

（4）广泛型号支持。

STM32 标准库函数适用于 STMicroelectronics 的各个 STM32 系列和型号，提供了跨平台的开发环境和代码可移植性。开发人员可以在不同型号的 STM32 微控制器上重复使用相同的库函数代码，简化了开发和维护工作。

（5）丰富的文档和示例。

STMicroelectronics 为 STM32 标准库函数提供了丰富的官方文档、参考手册和示例代码。这些资源详细介绍了每个库函数的使用方法、参数说明和示例应用，为开发人员提供了宝贵的学习和参考资料。

二、库文件及其层次关系

1. CMSIS 标准软件架构

CMSIS 是一套软件架构标准，旨在为 ARM Cortex-M 系列核心处理器的软件开发提供一致性和可移植性。

基于 CMSIS 标准的软件架构如图 4.3.1 所示，主要分为用户应用层、CMSIS 层（包含操作系统和 CMSIS 核心层两部分）和 MCU（硬件寄存器）层三层。CMSIS 层起着承上启下的作用，对 MCU 层进行统一实现，屏蔽不同厂商对 ARM Cortex-M 系列核心处理器的不同定义，且为操作系统和用户应用层提供接口，简化了应用程序开发难度。因此，CMSIS 层的实现相对复杂。CMSIS 核心层主要分为以下三部分。

1）内核外设访问层（Core Peripheral Access Layer，CPAL）

该层由 ARM 负责实现，包括对寄存器名称、地址的定义，内核寄存器、NVIC、调试子系统的访问接口定义以及对特殊用途寄存器的访问接口（如 CONTROL、xPSR）定义。由于对特殊寄存器的访问以内联方式定义，所以针对不同的编译器 ARM 统一用_INLINE 来屏蔽差异。该层定义的接口函数均是可重入的。

2）片上外设访问层（Device Peripheral Access Layer，DPAL）

该层由芯片厂商负责实现。该层的实现与 CPAL 类似，负责对硬件寄存器地址以及外设访问接口进行定义。该层可调用 CPAL 层提供的接口函数，同时根据设备特性对异常向量表进行扩展，以处理相应外设的中断请求。

3）外设访问函数（Access Functions for Peripherals，AFP）

该层也由芯片厂商负责实现，主要是提供访问片上外设的访问函数，这一部分是可选的。

CMSIS 标准提供了与芯片厂商无关的硬件抽象层，既可以为接口外设、实时操作系统提供简单的处理器软件接口，又可以屏蔽不同硬件之间的差异，这对软件的移植具有极大的帮助。

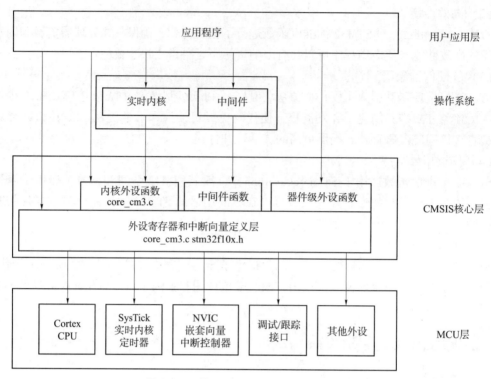

图 4.3.1　基于 CMSIS 标准的软件架构

2. 库目录及文件

将从官网下载的 STM32 标准函数库（3.5 版本库文件）解压后，打开文件夹，可以看到 STM32 标准函数库中的各文件夹，主要包括 _htmresc 文件夹、Libraries 文件夹、Project 文件夹、Utilities 文件夹及 stm32f10x_stdperiph_lib_um.chm 文档，其中_htmresc 文件夹包含 ST 与 CMSIS 的图标；Libraries 文件夹包含驱动库的源代码和启动文件，在使用库函数进行开发时，需要把 Libraries 目录下的库函数文件添加到相应的工程中，因此这个文件夹十分重要；Project 文件夹包含用驱动库写的各种例子和工程模板；Utilities 文件夹包含基于 ST 官方评估开发板的各种例程；stm32f10x_stdperiph_lib_um.chm 文档是 STM32 标准函数库使用的英文帮助文档，主要讲述每个库函数的使用方法。

在库文件中，Libraries 文件夹是开发过程中一定会用到的，打开 Libraries 文件夹，可以看到关于内核与外设的库文件分别存放在 CMSIS 文件夹和 STM32F10x_StdPeriph_Driver 文件夹中。

🌀 任务实施

一、创建库函数工程模板

在上一个任务完成了 Keil MDK-ARM 的安装，现在有了开发工具，就可以利用所安装的 Keil MDK-ARM 软件创建 STM32 嵌入式系统。首先使用 STM32 标准函数库建立一个空的通用工程模板，当设计和开发实际的 STM32 嵌入式系统时，可以直接复制创建的通用工程模板，这样可以提高系统开发的效率。

1. 建立工程框架

首先，在本地计算机上新建一个"新建工程 1"文件夹；其次，在该文件夹中新建三个文件夹，分别命名为 Project、Libraries 和 Guide。其中 Project 文件夹用于存放工程文件；Libraries 文件夹用于存放 STM32 标准函数库文件；Guide 文件夹用于存放程序说明 TXT 文件，TXT 文件由开发者自行编写。在 Libraries 文件夹中新建两个文件夹，命名为 CMSIS 和 STM32F10x_Driver，分别用于存放内核与外设的库文件。

创建完所需要的文件夹之后，打开安装好的 Keil MDK-ARM 软件，单击菜单：Project\New μVision Project，把目录定位到刚才新建的"新建工程 1\Project"文件夹之下，将工程命名为"STM32_Project"，单击"保存"按钮。"STM32_Project"为新建的通用工程模板的名称，在后续的设计和开发实际的嵌入式系统时，可将"STM32_Project"改为其相应工程的名称。

单击"保存"按钮，弹出一个芯片型号选择对话框，选择对应的芯片型号，如图 4.3.2 所示。本书主要以型号 STM32F103ZET6 为例，选择 STMicroelectronics\STM32F1 Series\STM32F103\STM32F103ZE。单击"OK"按钮，弹出"Manage Run-Time Environment"对话框，单击"Cancel"按钮，进入工程初步建立界面。现在只是建立了一个框架，后续还需要进一步添加对应的启动代码和文件等。

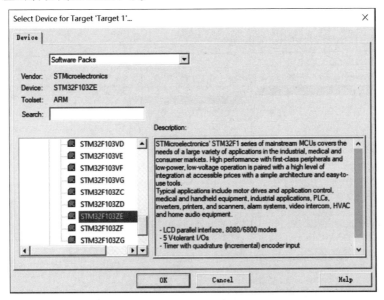

图 4.3.2 芯片型号选择对话框

2. 添加文件

接下来，通过 Keil MDK-ARM 将 STM32 标准函数库中的文件加入工程。右击"Target1"，在弹出的快捷菜单中选择"Manage Project Items..."命令，如图 4.3.3 所示，进入项目分组管理界面，如图 4.3.4 所示。

在"Project Targets"一栏中，将"Target1"修改为"STM32_Project"。

在"Groups"一栏中，删除 Source Group1，然后新建四个 Groups，分别命名为 Project、CMSIS、STM32F10x_Driver 和 Guide。在 Project、CMSIS、STM32F10x_Driver 和 Guide 四个 Groups 中添加程序设计所需要的文件。

（1）选中"Groups"中的 Project，单击"Add Files"按钮，定位到"新建工程 1"目录

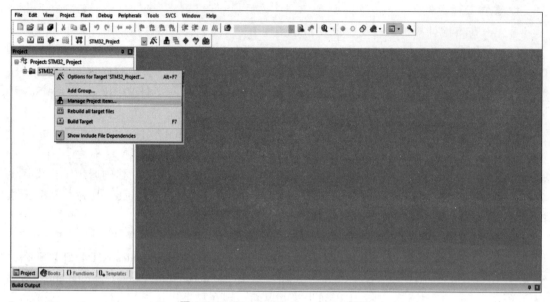

图 4.3.3　Manage Project Items 界面

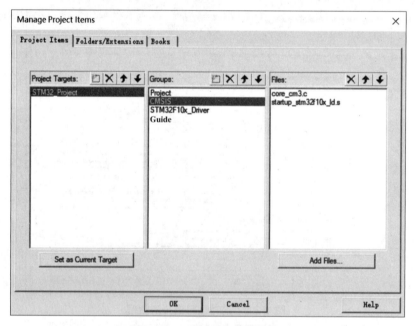

图 4.3.4　项目分组管理界面

下的 Project 文件夹中，选中其中的 main. c、stm32f10x_it. c 和 system_stm32f10x. c 文件，单击 "Add" 按钮添加到 Project 组所对应的 Files 栏中，然后单击 "Close" 按钮，完成 Project 组中所需要文件的添加。

（2）选中 "Groups" 中的 CMSIS，单击 "Add Files" 按钮，定位到 "新建工程 1" 目录下的 CMSIS 文件夹中，选中其中的 core_cm3. c 和 startup_stm32f10x_ld. s 文件，单击 "Add" 按钮添加到 CMSIS 组所对应的 Files 栏中，然后单击 "Close" 按钮，完成 CMSIS 组中所需文件的添加。

（3）同上，为 STM32F10x_Driver 组添加"新建工程 1"目录下 STM32F10x_Driver\src 文件夹中的所有驱动源文件。

（4）将"新建工程 1"目录下 Guide 文件夹中自己编写的 Guide.txt 文件添加到 Guide 中。

完成以上操作，STM32 嵌入式系统设计需要的文件就都添加到工程中了，单击"OK"按钮，回到工程主界面，如图 4.3.5 所示。现在可以在主界面的 Project 中看到之前所添加的文件。

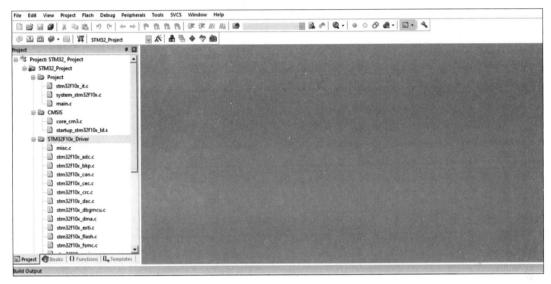

图 4.3.5　工程主界面

3. 配置魔术棒

完成以上的操作之后，并不能直接编译，因为工程还找不到对应的程序头文件，此时需要告诉 Keil MDK-ARM 软件在哪些路径下能够搜索到工程所需要的头文件，即头文件目录。这部分工作是在魔术棒选项卡的配置界面中进行的。

在工程主界面单击 按钮，进入魔术棒选项卡的配置界面，如图 4.3.6 所示。

（1）在魔术棒选项卡配置界面的 Target 选项卡中，先将芯片和外部晶振设置为 8.0 MHz，再勾选"Use MicroLIB"复选框，就可以使用 printf 函数了。

（2）在 Output 选项卡中，把输出文件夹定位到"新建工程 1"目录下的 Project\Objects 文件夹中，用于存放在编译过程中产生的调试信息、预览信息和封装库等文件。如果想在编译过程中生成 .hex 文件，则需要勾选"Create HEX File"复选框。

（3）在 Listing 选项卡中，把输出文件夹定位到"新建工程 1"目录下的 Project\Listings 文件夹中，用于存放在编译过程中产生的 C/汇编/链接的列表清单等文件。

（4）在 C/C++选项卡中，添加编译器编译时需要查找的头文件目录和处理宏。

① 添加头文件路径。C/C++选项卡添加头文件如图 4.3.7 所示。单击"Setup Compiler Include Paths"一栏最右边的按钮，弹出一个添加路径的对话框，将通用工程模板中包含头文件的三个目录添加进去，然后单击"OK"按钮即可。如果头文件路径添加有误，则编译时会报错"找不到头文件"。

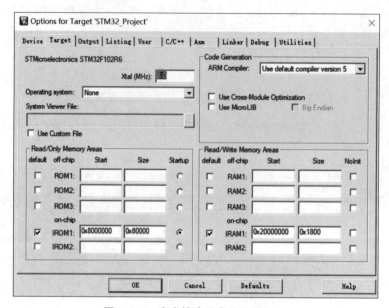

图 4.3.6　魔术棒选项卡的配置界面

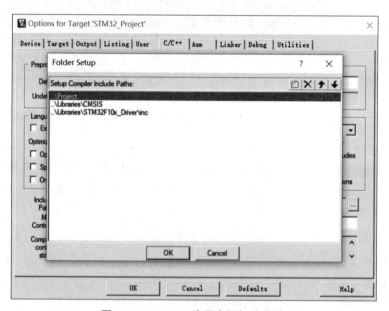

图 4.3.7　C/C++选项卡添加头文件

② 添加宏。定位到 C/C++选项卡，填写"STM32F10X_LD，USE_STDPERIPH_DRIVER"到"Define"输入框中，如图 4.3.8 所示。两个标识符中间是逗号不是句号。STM32F10X_LD 宏的作用是告诉 STM32 标准函数库，所使用的 STM32 芯片类型是小容量的，使 STM32 标准函数库能够根据选定的芯片型号进行配置。如果选用的 STM32 芯片类型是中容量的，那么需要将 STM32F10X_LD 修改为 STM32F10X_MD；如果选用的 STM32 芯片类型是大容量的，则需要将 STM32F10X_LD 修改为 STM32F10X_HD。填写完毕后，单击"OK"按钮，退出魔术棒选项卡配置界面。

完成上述操作，库函数通用工程模板基本上创建完成。打开工程 Project 中的 main.c 文

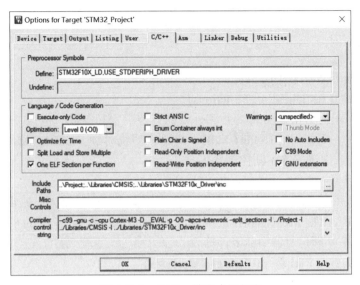

图 4.3.8 C/C++选项卡添加宏

件，可以进行程序设计，如图 4.3.9 所示。代码细节将在后面的实例设计中进行讲解。单击按钮可进行工程编译。

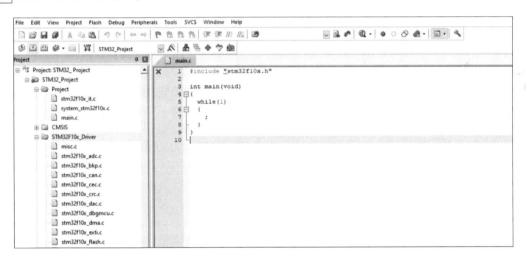

图 4.3.9 程序设计界面

新建库函数模板 1　　新建库函数模板 2　　新建库函数模板 3　　新建库函数模板 4　　新建库函数模板 5

 **任务小结**

通过库函数工程模板的创建，了解 STM32 标准库函数及库文件的基础知识，掌握工程

框架的建立、文件的添加及魔术棒的配置。

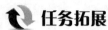 **任务拓展**

熟悉 STM32 标准库函数的分类：

1. 初始化函数（Initialization Functions）

初始化函数用于初始化 STM32 芯片和外设的各种配置和参数，包括时钟、引脚、中断、外设等初始化函数。例如，RCC_Init() 用于初始化系统时钟，GPIO_Init() 用于配置引脚功能，NVIC_Init() 用于配置中断控制器等。

2. 中断处理函数（Interrupt Handlers）

中断处理函数用于处理各种中断事件的函数，根据中断源的不同，通常具有特定的命名和标识。例如，USART_IRQHandler() 用于处理 USART 通信中的中断事件，TIM_IRQHandler() 用于处理定时器中断事件等。

3. 外设驱动函数（Peripheral Driver Functions）

外设驱动函数用于控制和操作各种外设的函数，包括串口、SPI、I2C、定时器、ADC 等外设驱动函数。这些函数提供了对外设的配置、数据传输、状态检测等功能，如 USART_SendData() 用于发送数据通过 USART 通信，TIM_Start() 用于启动定时器等。

4. 库函数（Library Functions）

由 STM32 提供的库函数用于提供各种常见的功能和操作，以简化开发过程。例如，库函数提供了字符串处理、数学计算、内存管理等常用功能的函数，strcpy() 用于字符串复制，printf() 用于输出格式化字符串等。

5. 用户自定义函数（User-defined Functions）

根据应用程序的需求，开发者自己编写的函数用于实现特定的功能和逻辑。这些函数根据具体应用需求而定，可以是各种业务功能函数、算法函数等。

项目评价与反思

任务评价如表 4.2 所示，项目总结反思如表 4.3 所示。

表 4.2 任务评价

评价类型	总分	具体指标	得分		
			自评	组评	师评
职业能力	55	理解 STM32 的特点			
		掌握 STM32 的基本知识			
		掌握 STM32 芯片的选型			
		安装 Keil MDK-ARM 开发环境并完成软硬件配置			
		正确建立工程框架			
		正确添加文件			
		完成魔术棒配置			

评价类型	总分	具体指标	得分		
			自评	组评	师评
职业素养	20	按时出勤			
		安全用电			
		编程规范			
		接线正确			
		及时整理工具			
劳动素养	15	按时完成，认真填写记录			
		保持工位整洁有序			
		分工合理			
德育素养	10	具备工匠精神			
		爱党爱国、认真学习			
		协作互助、团结友善			

表 4.3　项目总结反思

目标达成度：	知识：	能力：	素养：
学习收获：		教师评价：	
问题反思：			

基于 STM32 的 GPIO 端口控制

GPIO 端口作为 STM32 最基本的外设，其输出功能是由 STM32 控制引脚输出高低电平，如可以把 GPIO 端口接 LED 灯来控制其亮灭，也可以接继电器或三极管，通过继电器或三极管来控制外部大功率电路的通断。

任务 5.1　跑马灯实验

任务描述与要求

使用 STM32F103 系列芯片的控制程序实现跑马灯效果设计与调试。跑马灯效果：先一个一个点亮，直至全部点亮；然后一个一个熄灭；循环上述过程。

知识学习

一、GPIO 功能描述

每个 GPIO 端口有两个 32 位配置寄存器（GPIOx_CRL 和 GPIOx_CRH），两个 32 位数据寄存器（GPIOx_IDR 和 GPIOx_ODR），一个 32 位置位/复位寄存器（GPIOx_BSRR），一个 16 位复位寄存器（GPIOx_BRR）和一个 32 位锁定寄存器（GPIOx_LCKR）。根据数据手册中列出的每个 I/O 端口的特定硬件特征，GPIO 端口的每个位可以由软件分别配置成多种模式。

（1）浮空输入：IN_FLOATING。

（2）上拉输入：IPU。

（3）下拉输入：IPD。

（4）模拟输入：AIN。

（5）开漏输出：Out_OD。

（6）推挽输出：Out_PP。

（7）复用功能的推挽输出：AF_PP。

（8）复用功能的开漏输出：AF_OD。

每个 I/O 端口位可以自由编程，然而 I/O 端口寄存器必须按 32 位字被访问（不允许半字或字节访问）。GPIOx_BSRR 和 GPIOx_BRR 寄存器允许对任何 GPIO 寄存器的读/更改进行独立访问；这样，在读和更改访问之间产生 IRQ 时不会发生危险。

图 5.1.1 所示为 I/O 端口位的基本结构。

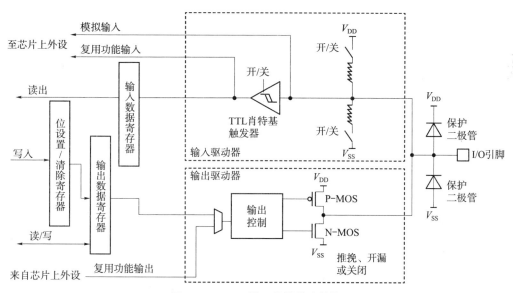

图 5.1.1　I/O 端口位的基本结构

1. 通用 I/O

复位期间和刚复位后，复用功能未开启，I/O 端口被配置成浮空输入模式。复位后，JTAG 引脚被置于输入上拉或下拉模式：

（1）PA15：JTDI 置于上拉模式。

（2）PA14：JTCK 置于下拉模式。

（3）PA13：JTMS 置于上拉模式。

（4）PB4：JNTRST 置于上拉模式。

当作为输出配置时，写到输出数据寄存器（GPIOx_ODR）上的值输出到相应的 I/O 引脚。可以以推挽模式或开漏模式（当输出 0 时，只有 N-MOS 被打开）使用输出驱动器。输入数据寄存器（GPIOx_IDR）在每个 APB2 时钟周期捕捉 I/O 引脚上的数据。所有 GPIO 引脚有一个内部弱上拉和弱下拉，当配置为输入时，它们可以被激活也可以被断开。

2. 单独的位设置或位清除

当对 GPIOx_ODR 的个别位编程时，软件不需要禁止中断：在单次 APB2 写操作里，可以只更改一个或多个位。这是通过对"置位/复位寄存器"（置位是 GPIOx_BSRR，复位是

GPIOx_BRR）中想要更改的位写"1"来实现的，没被选择的位将不被更改。

3. 外部中断/唤醒线

所有端口都有外部中断能力。为了使用外部中断线，端口必须配置成输入模式。

4. 复用功能（AF）

使用默认复用功能前必须对端口位配置寄存器编程。

（1）对于复用的输入功能，端口必须配置成输入模式（浮空、上拉或下拉）且输入引脚必须由外部驱动。注意：也可以通过软件来模拟复用功能输入引脚，这种模拟可以通过对GPIO 控制器编程来实现。此时，端口应当被设置为复用功能输出模式。显然，这时相应的引脚不再由外部驱动，而是通过 GPIO 控制器由软件驱动。

（2）对于复用输出功能，端口必须配置成复用功能输出模式（推挽或开漏）。

（3）对于双向复用功能，端口必须配置成复用功能输出模式（推挽或开漏）。这时，输入驱动器被配置成浮空输入模式。

如果把端口配置成复用输出功能，则引脚和输出寄存器断开，并和芯片上外设的输出信号连接。如果软件把一个 GPIO 引脚配置成复用输出功能，但是外设没有被激活，则它的输出将不确定。

5. 软件重新映射 I/O 复用功能

为了使不同器件封装的外设 I/O 功能的数量达到最优，可以把一些复用功能重新映射到其他一些引脚上。这可以通过软件配置相应的寄存器来完成（参考 AFIO 寄存器描述）。这时，复用功能就不再映射到它们的原始引脚上了。

6. GPIO 锁定机制

锁定机制允许冻结 I/O 配置。当在一个端口位上执行了锁定（LOCK）程序，在下一次复位之前，将不能再更改端口位的配置。

7. 输入配置

当 I/O 端口配置为输入时：

（1）输出缓冲器被禁止。

（2）施密特触发输入被激活。

（3）根据输入配置（上拉、下拉或浮动）的不同，弱上拉和下拉电阻被连接。

（4）出现在 I/O 引脚上的数据在每个 APB2 时钟被采样到 GPIOx_IDR。

（5）对 GPIOx_IDR 的读访问可得到 I/O 状态。

8. 输出配置

当 I/O 端口被配置为输出时：

（1）输出缓冲器被激活。

开漏模式：输出寄存器上的"0"激活 N-MOS，而输出寄存器上的"1"将端口置于高阻状态（P-MOS 从不被激活）。

推挽模式：输出寄存器上的"0"激活 N-MOS，而输出寄存器上的"1"将激活 P-MOS。

（2）施密特触发输入被激活。

（3）弱上拉和下拉电阻被禁止。

（4）出现在 I/O 引脚上的数据在每个 APB2 时钟被采样到 GPIOx_IDR。

（5）在开漏模式时，对输入数据寄存器的读访问可得到 I/O 状态。

（6）在推挽模式时，对输出数据寄存器的读访问可得到最后一次写的值。

二、GPIO 寄存器描述

1. 端口配置低寄存器（GPIOx_CRL）(x＝A..E)（图5.1.2）

地址偏移：0x00。

复位值：0x4444 4444。

31	30	29	28	27	26	25	24	23	22	21	20	19	18	17	16
CNF7[1:0]		MODE7[1:0]		CNF6[1:0]		MODE6[1:0]		CNF5[1:0]		MODE5[1:0]		CNF4[1:0]		MODE4[1:0]	
rw	rw	rw	rw	rw	rw	rw	rw	rw	rw	rw	rw	rw	rw	rw	rw
15	14	13	12	11	10	9	8	7	6	5	4	3	2	1	0
CNF3[1:0]		MODE3[1:0]		CNF2[1:0]		MODE2[1:0]		CNF1[1:0]		MODE1[1:0]		CNF0[1:0]		MODE0[1:0]	
rw	rw	rw	rw	rw	rw	rw	rw	rw	rw	rw	rw	rw	rw	rw	rw

图 5.1.2　端口配置低寄存器

2. 端口配置高寄存器（GPIOx_CRH）(x＝A..E)（图5.1.3）

地址偏移：0x04。

复位值：0x4444 4444。

31	30	29	28	27	26	25	24	23	22	21	20	19	18	17	16
CNF15[1:0]		MODE15[1:0]		CNF14[1:0]		MODE14[1:0]		CNF13[1:0]		MODE13[1:0]		CNF12[1:0]		MODE12[1:0]	
rw	rw	rw	rw	rw	rw	rw	rw	rw	rw	rw	rw	rw	rw	rw	rw
15	14	13	12	11	10	9	8	7	6	5	4	3	2	1	0
CNF11[1:0]		MODE11[1:0]		CNF10[1:0]		MODE10[1:0]		CNF9[1:0]		MODE9[1:0]		CNF8[1:0]		MODE8[1:0]	
rw	rw	rw	rw	rw	rw	rw	rw	rw	rw	rw	rw	rw	rw	rw	rw

图 5.1.3　端口配置高寄存器

3. 端口输入数据寄存器（GPIOx_IDR）(x＝A..E)（图5.1.4）

地址偏移：0x08。

复位值：0x0000 ××××。

31	30	29	28	27	26	25	24	23	22	21	20	19	18	17	16
保留															

15	14	13	12	11	10	9	8	7	6	5	4	3	2	1	0
IDR15	IDR14	IDR13	IDR12	IDR11	IDR10	IDR9	IDR8	IDR7	IDR6	IDR5	IDR4	IDR3	IDR2	IDR1	IDR0
r	r	r	r	r	r	r	r	r	r	r	r	r	r	r	r

图 5.1.4　端口输入数据寄存器

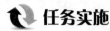
任务实施

1. 跑马灯控制电路设计

跑马灯控制电路如图 5.1.5 所示，使用 STM32F103ZET6 芯片的 PB0～PB9 引脚分别接 10 个 LED 的阴极，11～20 分别与芯片 PB9～PB0 引脚连接。

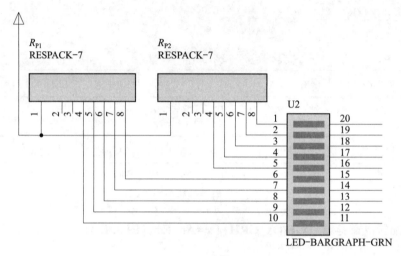

图 5.1.5　跑马灯控制电路

2. 程序设计

```
void LED_Init(void)
{
GPIO_InitTypeDef GPIO_InitStructure;
RCC_APB2PeriphClockCmd(RCC_APB2Periph_GPIOB|RCC_APB2Periph_GPIOE, ENABLE);
                                                    //使能 PB、PE 端口时钟
GPIO_InitStructure. GPIO_Pin = GPIO_Pin_5;          //LED0- ->PB.5 端口配置
GPIO_InitStructure. GPIO_Mode = GPIO_Mode_Out_PP;   //推挽输出
GPIO_InitStructure. GPIO_Speed = GPIO_Speed_50 MHz;
GPIO_Init(GPIOB, &GPIO_InitStructure);
GPIO_SetBits(GPIOB,GPIO_Pin_5);
GPIO_InitStructure. GPIO_Pin = GPIO_Pin_5;
GPIO_Init(GPIOE, &GPIO_InitStructure);
GPIO_SetBits(GPIOE,GPIO_Pin_5);
}
   int main(void)
   {
       delay_init( );                               //延时函数初始化
       LED_Init( );                                 //初始化与 LED 连接的硬件接口
       while(1)
```

```
    {
        LED0=0;LED1=1;
        delay_ms(800);                    //延时
        LED0=1;
        LED1=0;
        delay_ms(800);                    //延时
    }
}
```

3. 编译及调试

（1）单击"编译"按钮进行编译，编译无误后，单击"调试"按钮，将程序下载到内存。注意：此时代码没有下载到 NAND Flash 中，按下复位键后，程序会消失。

（2）程序加载完，可观察到跑马灯效果。当灯光流动到最后一盏灯后，便会重新从第一盏灯开始循环。

跑马灯

任务小结

本任务详细讲解了 GPIO 相关知识，通过本任务的实施要求掌握通过程序控制 STM32F103 系列芯片的 GPIO 端口输出，实现跑马灯控制的设计、运行、调试。

任务拓展

基于对跑马灯任务的理解，尝试完成花样心形流水灯设计。

任务 5.2 按键控制 LED 灯

任务描述与要求

在 STM32F103 系列芯片 GPIO 引脚上分别接 4 个按键和 4 个 LED，通过 4 个按键控制 4 个 LED。K1 控制 LED1，按一次点亮，再按一次熄灭；K2 控制 LED2，效果同 K1；K3、K4 同理。

知识学习

1. 认识按键

按键是嵌入式电子产品进行人机交流不可缺少的输入设备，用于向嵌入式电子产品输入数据或者控制信息。按键实际上就是一个开关源。机械触点式按键的主要功能是把机械上的通断转换为电器上的逻辑关系。

2. 按键去抖

机械式按键在按下或释放时，由于弹性作用的影响，通常伴有一定时间的触电机械抖动，然后其触电才能稳定下来。抖动时间的长短与机械开关的机械特性有关，一般为 5~10 ms。

若抖动存在，按键按下会被错误地认为是多次操作。为了避免 CPU 多次处理按键的一

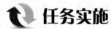

次闭合，应采取措施来消除抖动。消除抖动常用硬件去抖和软件去抖两种方法。

任务实施

1. 按键控制 LED 电路设计

按键控制 LED 电路如图 5.2.1 所示。4 个 LED，采用的是共阴极接法，其阳极分别接在 PD8、PD9、PD10 和 PD11 上。4 个独立按键分别接在 PB12、PB13、PB14 和 PB15 上，电源为 3.3 V，电阻为上拉电阻。

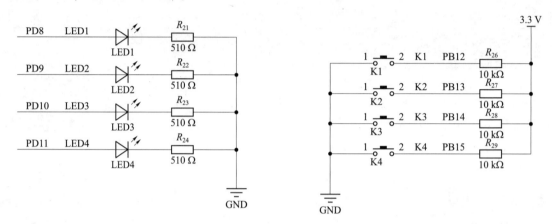

图 5.2.1 按键控制 LED 电路

2. 按键控制 LED 实现分析

如何判断和识别按下的按键呢？可通过检测 PB12、PB13、PB14 和 PB15 引脚哪个是"0"，就可以判断是否有按键按下，并能识别出是哪一个按键被按下。当识别了按下的按键后，就可以通过 PD8、PD9、PD10 或 PD11 输出控制信号，点亮或熄灭对应的 LED。

如何采用库函数读取按键的状态？通过 GPIO_ReadInputDataBit（GPIOB，GPIO_Pin_12）函数读取 PB12 的值（即 K1 的值），判断 PB12 的值是否为 0，若为 0 表示按键 K1 按下，否则按键 K1 未被按下。判断按键 K2、K3 和 K4 是否按下，与判断按键 K1 方法一样。

3. 按键控制 LED 程序设计

（1）对 4 个 LED 所接的 PD8、PD9、PD10 和 PD11 配置，GPIOD 时钟使能的代码，编写在 led. h 头文件和 led. c 文件中。

（2）对 4 个按键所接的 PB12、PB13、PB14 和 PB15 配置，GPIOB 时钟使能的代码，编写在 key. h 头文件和 key. c 文件中。

（3）4 个按键控制 4 个 LED 点亮和熄灭的代码编写在主文件中，并保存在 USER 文件夹下面。

详细代码如下：

```
#include "stm32f10x. h"
#include "Delay. h"
#include "led. h"
#include "key. h"
u8 t;                           //按键返回值,1 为 K1 按下,2 为 K2 按下,以此类推
u8 k1 = 0,k2 = 0,k3 = 0,k4 = 0;  //LED 亮灭状态,为 0 是熄灭状态,为 1 是点亮状态
int main(void)
```

```
{
    LED_Init( );                                    //LED 端口初始化
    KEY_Init( );                                    //初始化与按键连接的硬件接口
    while(1)
    {
        t=KEY_Scan( );                              //得到键值
        if(t)
        {
            switch(t)
            {
                case 1:
                    if(k1==0)
                        GPIO_ResetBits(GPIOD,GPIO_Pin_8);
                    else
                        GPIO_SetBits(GPIOD,GPIO_Pin_8);
                    k1=! k1;
                    break;
                case 2:
                    if(k2==0)
                        GPIO_ResetBits(GPIOD,GPIO_Pin_9);
                    else
                        GPIO_SetBits(GPIOD,GPIO_Pin_9);
                    k2=! k2;
                    break;
                case 3:
                    if(k3==0)
                        GPIO_ResetBits(GPIOD,GPIO_Pin_10);
                    else
                        GPIO_SetBits(GPIOD,GPIO_Pin_10);
                    k3=! k3;
                    break;
                case 4:
                    if(k4==0)
                        GPIO_ResetBits(GPIOD,GPIO_Pin_11);
                    else
                        GPIO_SetBits(GPIOD,GPIO_Pin_11);
                    k4=! k4;
                    break;
            }
        }else Delay(10);
    }
}
```

4. 编译调试

（1）单击"编译"按钮进行编译，编译无误后，单击"调试"按钮，将程序下载到内存中。注意：此时代码没有下载到 NAND Flash 中，按下复位键后，程序会消失。

（2）程序加载完，可观察 K1 控制 LED1，按一次点亮，再按一次熄灭；K2 控制 LED2，效果同 K1；K3、K4 同理。

按键控制 LED

任务小结

本任务对按键控制 LED 灯做了详细讲解，通过本任务的练习，掌握按键电路软硬件设计和软件消除按键抖动。

任务拓展

完成按键控制跑马灯的电路和程序设计、运行与调试。

任务 5.3 七段数码管显示

任务描述与要求

使用 STM32F103 系列芯片的 PC0~PC15 引脚分别接 2 个共阴极 LED 数码管。个位数码管接 PC0~PC7；十位数码管接 PC8~PC15。采用静态显示方式，编写程序使 2 位数码管上循环显示 0~20。

知识学习

嵌入式电子产品中，显示器是人机交流的重要组成部分。嵌入式电子产品常用的显示器有 LED 和 LCD 两种方式，LED 数码显示器价格低廉、体积小、功耗低，而且可靠性好，因此得到广泛使用。

1. 数码管的结构和工作原理

单个 LED 数码管的引脚排列如图 5.3.1（a）所示，数码管内部是由 8 个 LED（简称位段）组成的，其中有 7 个条形 LED 和 1 个小圆点 LED。LED 导通时，相应的位段或点发光，将这些 LED 排成一定图形，常用来显示数字 0~9、字符 A~G，还可以显示 H、L、P、R、U、Y、符号"—"及小数点"."等。LED 数码管可以分为共阴极和共阳极两种结构，如图 5.3.1（b）和图 5.3.1（c）所示。

2. 数码管的字形编码

要使数码管上显示某个字符，必须使它的 8 个位段上加上相应的电平组合，即一个 8 位数据，这个数据叫作该字符的字型编码。数码管的字形编码规则如图 5.3.2 所示。

共阴极和共阳极数码管的字形编码是不同的，对于同一个字符，共阴极和共阳极的字形编码是反相的。

3. 数码管显示方法

数码管的显示方法有静态显示和动态显示两种方法。静态显示是指数码管显示某一字符

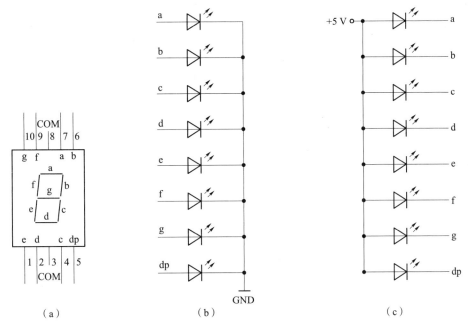

图 5.3.1　LED 数码管引脚及内部结构

（a）单个 LED 数码管的引脚排列；（b）共阴极数码管；（c）共阳极数码管

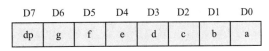

图 5.3.2　数码管的字形编码规则

时，相应 LED 恒定导通或恒定截止。这种显示方式的各位数码管相互独立，公共端恒定接地（共阴极）或接电源（共阳极）。每个数码管的 8 个位段分别与一个 8 位 I/O 端口相连。I/O 端口只要有字形码输出，数码管显示给定字符，并保持不变，直到 I/O 端口输出新的段码。动态显示是一种一位一位地轮流点亮各位数码管的显示方式，即在某一时段，只选中一位数码管"位选端"，并送出相应的字形编码；在下一时段按顺序选通另外一位数码管，并送出相应的字形编码；依此规律循环下去，即可使各位数码管分别间断地显示出相应的字符。

任务实施

1. 数码管显示电路设计

数码管显示电路如图 5.3.3 所示。

按照任务要求，采用静态显示方式，数码管显示电路是由 STM32F103 系列芯片、2 个 1 位的共阴极 LED 数码管构成的。STM32F103 系列芯片的 PC0～PC7 引脚接个位数码管的 A～G 7 个位段；PC8～PC15 引脚接十位数码管的 A～G 7 个位段；由于小数点"."dp 位不用，PC7 和 PC15 引脚也就不使用。

2. 程序设计

程序控制数码管内部的不同位段点亮，能显示出需要的字符。本电路采用共阴极结构的

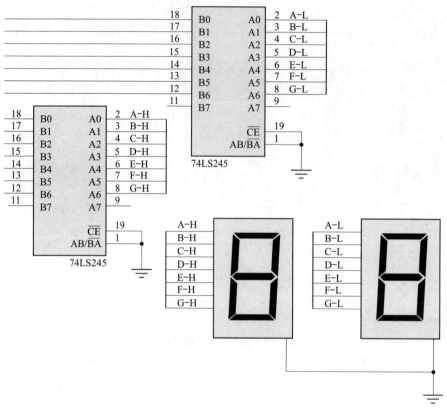

图 5.3.3　数码管显示电路

数码管，其公共端接地，这样可以控制每一只 LED 的阳极电平来使其发光或熄灭，阳极为高电平时发光，为低电平时熄灭。"0~9"十个字符的字形编码为 0x3f、0x06、0x5b、0x4f、0x66、0x6d、0x7d、0x07、0x7f、0x6f。通过 PC0~PC15 输出"0~9"十个字符的字形编码，就可以在数码管上显示"0~9"数字。详细程序如下：

```
#include "stm32f10x. h"
//定义 0~9 十个数字的字形码表
uint16_t table[ ]={0x3f,0x06,0x5b,0x4f,0x66,0x6d,0x7d,0x07,0x7f,0x6f};
uint16_t disp[2];
uint16_t temp,i;
void main(void)
{
    GPIO_InitTypeDef GPIO_InitStructure;
    RCC_APB2PeriphClockCmd(RCC_APB2Periph_GPIOB,ENABLE);        //使能 GPIOB 时钟
    GPIO_InitStructure. GPIO_Pin = 0xffff;                       //PC0~PC15 引脚配置
    GPIO_InitStructure. GPIO_Mode = GPIO_Mode_Out_PP;           //配置引脚为推挽输出
    GPIO_InitStructure. GPIO_Speed = GPIO_Speed_50MHz;
    GPIO_Init(GPIOB, &GPIO_InitStructure);                       //初始化 PC0~PC15
while(1) {
    for(i=0;i<=20;i++){
```

```
        disp[1] = table[i/10];              //数码管显示十位数字的字形码
        disp[0] = table[i%10];              //数码管显示个位数字的字形码
        //十位数的字形码左移 8 位,然后与各位数的字形码合并
        temp = (disp[1]<<8)|(disp[0]&0x0ff);
        GPIO_Write(GPIOC,temp);
        Delay(100);
            }
        }
    }
```

3. 编译调试

（1）单击"编译"按钮进行编译，编译无误后，单击"调试"按钮，将程序下载到内存中。注意：此时代码没有下载到 NAND Flash 中，按下复位键后，程序会消失。

（2）程序加载完，可以观察 2 位数码管上循环显示 0~20。

数码管显示

任务小结

本任务详细介绍了数码管的结构和使用，通过本任务能利用 STM32 芯片与数码管接口技术，完成 STM32 芯片的数码管静态与动态显示电路设计、程序设计。

任务拓展

数码管动态显示设计与实现，采用数码管动态扫描方式，使用 STM32 芯片和 6 个共阴极 LED 数码管，通过数码管动态扫描程序实现 6 个数码管显示"654321"。

项目评价与反思

任务评价如表 5.1 所示，项目总结反思如表 5.2 所示。

表 5.1　任务评价

评价类型	总分	具体指标	得分		
			自评	组评	师评
职业能力	55	实现跑马灯效果			
		通过 4 个按键控制 4 个 LED			
		使 2 位数码管循环显示 0~20			
职业素养	20	按时出勤			
		安全用电			
		编程规范			
		接线正确			
		及时整理工具			

评价类型	总分	具体指标	得分		
			自评	组评	师评
劳动素养	15	按时完成，认真填写记录			
		保持工位整洁有序			
		分工合理			
德育素养	10	具备工匠精神			
		爱党爱国、认真学习			
		协作互助、团结友善			

表 5.2 项目总结反思

目标达成度：	知识：	能力：	素养：
学习收获：		教师评价：	
问题反思：			

项目六

基于 STM32 的中断与定时器控制

在 STM32 微控制器中，中断是一种重要的事件驱动机制，用于处理异步事件和实时响应外部触发的事件。定时器和中断之间有密切的关系，定时器通常用于生成定时中断，可以在预定的时间间隔内执行特定的操作。中断和定时器在嵌入式系统和微控制器应用中有许多重要的使用场景。

例如，在日志记录、定期数据采集等时间相关的任务中，可以使用定时器创建实时时钟来完成这个功能。在机器人、照明和电机控制方面，经常会使用到 PWM 信号，也可以通过中断和定时器来生成。另一个较为常见的情景则是省电模式，在低功耗应用中，可以使用定时器中断来唤醒微控制器，执行一些任务，然后再次进入省电模式以延长电池寿命。

总而言之，中断和定时器是嵌入式系统中非常重要的工具，可以帮助实现精确的时间控制、数据采集、通信和控制任务。根据具体应用的需求，可以使用不同类型的定时器和中断来满足各种需求。

任务 6.1　按键中断控制 LED 灯

任务描述与要求

在 STM32 微控制器上通过 GPIO 连接按键与 LED 灯，编写对应的控制代码，实现功能：在按下按键时，可以切换 LED 灯的发光状态（打开或关闭）。

知识学习

在实施任务前，先学习一些基础知识，以便更好地完成任务。

GPIO 是 STM32 微控制器上的数字引脚，可用于输入和输出数字信号，可以配置为输入以读取外部信号，或配置为输出以控制外部设备，如任务中的 LED。

要对按键是否按下进行检测，主要有两种方式：第一种是扫描方式，这种方式需要编写一个按键扫描函数，通过判断与按键相连接的 GPIO 引脚电平高低来判断是否按下，从而决定下一步的程序流程。这种方式需要把循环函数写到 main() 中，反复执行。这种方式使用的硬件资源较少，编程相对来说比较容易；但是这个函数会占用 CPU 时间，无法及时响应用户的其他输入。第二种是使用中断方式，配置 GPIO 引脚与中断线的映射，当用户按下按键时，触发对应的外部中断。

嵌入式系统开发中中断是一种重要的机制，用于处理外部事件、传感器输入、定时器触发等。以下是一些常见的中断类型。

（1）外部中断：是通过外部触发器（如按钮按下、传感器信号变化等）引发的中断。微控制器通常提供外部中断引脚，可以配置为触发中断。外部中断可以用于处理用户输入、传感器触发等。

（2）定时器中断：是由定时器溢出或计数达到某个特定值时触发的中断，用于执行周期性任务、时间测量和时间戳等。

（3）串口中断：用于处理串口通信（如 UART、USART、SPI、I2C 等）的数据接收和发送。当有新数据可用或数据传输完成时，会触发串口中断。

（4）ADC 中断：模数转换器（ADC）中断用于处理模拟信号的转换和采样。当 ADC 完成一次转换时，可以触发 ADC 中断以处理转换结果。

（5）DMA 中断：直接存储器访问（DMA）中断与 DMA 控制器相关。当 DMA 传输完成时，可以触发 DMA 中断，以便处理数据传输或执行其他任务。

（6）硬件错误中断：用于处理微控制器的硬件错误和故障情况，如存储器错误、时钟错误等。

（7）定时器捕获/比较中断：某些定时器具有捕获/比较功能，可以在捕获到特定信号或比较到特定值时触发中断，这在测量和控制应用中很有用。

（8）看门狗定时器中断：用于监视系统运行是否正常。如果系统未能及时喂狗，将触发看门狗定时器中断，通常用于系统复位或警报。

在本任务中，使用按键来触发中断属于外部中断。STM32 微控制器支持外部中断，允许外部事件触发中断。这些事件可以是 GPIO 引脚状态的变化，如按键按下或释放。

中断处理函数是在中断事件发生时自动调用的函数。在 STM32 微控制器中，可以编写中断处理函数来响应外部中断事件，如按键按下。

LED 控制：LED 是一种常用的输出设备，用于显示状态；可以通过改变 LED 引脚的状态来控制 LED 的开关状态，从而改变其亮灭状态。

🔧 任务实施

任务实施步骤如下：

（1）硬件连接。首先，将按键和 LED 连接到 STM32 微控制器的 GPIO 引脚上。确保引脚的电压电平匹配，并使用适当的电阻来限制电流，如图 6.1.1 所示。

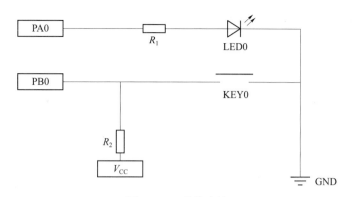

图 6.1.1　硬件连接

（2）LED 控制。在 Keil 中新建项目，引入标准库函数，新建 led. h 和 led. c 文件。

在 led. h 文件中，包含 stm32f10x. h 头文件，定义了连接 LED 的引脚和端口，并声明了 3 个函数，分别用于初始化 LED 引脚模式，控制 LED 点亮和熄灭。代码如下：

```
#include "stm32f10x. h"
//控制 LED 引脚和端口
#define LED_PIN      GPIO_Pin_0
#define LED_PORT   GPIOA
//声明控制 LED 的函数
void led_init(void) ;
void led_on(void) ;
void led_off(void) ;
```

在 led. c 文件中，实现了 led_init( )、led_on( ) 和 led_off( ) 函数。在 led_init( ) 函数中，首先设置 GPIOA 的时钟，然后配置 PB0 的引脚模式。在 led_on( ) 和 led_off( ) 函数中，分别控制 PB0 引脚的输出状态，从而控制 LED 的亮灭。代码如下：

```
#include "stm32f10x. h"
#include "led. h"
//初始化 LED 引脚模式
void led_init(void)
{
    GPIO_InitTypeDef GPIO_InitStructure;
    //使能 GPIOA 时钟
    RCC_APB2PeriphClockCmd(RCC_APB2Periph_GPIOA,ENABLE) ;
    //配置接口为输出模式
    GPIO_InitStructure. GPIO_Pin = LED_PIN;
    //推挽输出
    GPIO_InitStructure. GPIO_Mode = GPIO_Mode_Out_PP;
    GPIO_InitStructure. GPIO_Speed = GPIO_Speed_50MHz;
    //初始化
```

```
        GPIO_Init(LED_PORT,&GPIO_InitStructure) ;
    }
//控制 LED 亮
void led_on (void)
{
        //控制引脚输出为高电平,LED 点亮
        GPIO_SetBits(LED_PORT,LED_PIN);
    }
//控制 LED 灭
void led_off (void)
{
        //低电平时熄灭
        GPIO_ResetBits(LED_PORT,LED_PIN);
    }
```

（3）按键与中断设置。建立 button. h 和 button. c 文件；配置外部中断系统以侦听按键事件。通常，需要使用 EXTI 外部中断线路，并设置中断触发条件。

在 button. h 文件中，定义按钮连接的端口和引脚，并且声明按钮和中断的初始化函数 button_init( )。代码如下：

```
#include "stm32f10x. h"
// 定义按键连接的 GPIO 引脚
#define BUTTON_PIN GPIO_Pin_0
#define BUTTON_PORT GPIOB
//按钮初始化函数
void button_init(void);
```

在 button. c 文件中，将按钮对应的引脚端口进行初始化。同时配置外部中断线、优先级和触发方式。其中 EXTI_InitStructure. EXTI_Mode 为配置外部中断的触发方式，主要有两种：下降沿触发模式和上升沿触发模式。在下降沿触发模式，中断会在信号由高电平（1）变为低电平（0）时触发，常用于检测按钮按下事件或其他外部事件的下降沿。上升沿触发模式则与之相反。

在 NVIC_Configuration( ) 中，配置了嵌套向量中断控制器，其中配置了抢占优先级和子优先级，数值越小优先级越高；当出现多个中断被触发时，优先处理抢占优先级高的中断；抢占优先级相同的，根据子优先级高低来进行判断。如果抢占优先级和子优先级都相同，则时间触发更早的中断先执行。

最后创建一个中断处理函数，用于处理按键中断事件。当按键按下时，中断函数应被触发。在这个函数中，切换 LED 的状态，如果 LED 是开的，就关闭它，反之亦然。

```
#include "button. h"
//代表 led 灯当前状态
extern uint8_t led_statu;
void button_GPIO_Configuration(void)
{
```

```
        //配置按键引脚为输入模式
        GPIO_InitStructure. GPIO_Pin = BUTTON_PIN;
        GPIO_InitStructure. GPIO_Mode = GPIO_Mode_IPU;              //使用上拉电阻
        GPIO_Init(BUTTON_PORT, &GPIO_InitStructure);
    }
    void EXTI_Configuration(void)
    {
        //配置外部中断线
        EXTI_InitTypeDef EXTI_InitStructure;
        //使用外部中断线 0
        EXTI_InitStructure. EXTI_Line = EXTI_Line0;
        //设置为外部中断触发模式
        EXTI_InitStructure. EXTI_Mode = EXTI_Mode_Interrupt;
        //下降沿触发
        EXTI_InitStructure. EXTI_Trigger = EXTI_Trigger_Falling;
        EXTI_InitStructure. EXTI_LineCmd = ENABLE;                  //使能中断线
        EXTI_Init(&EXTI_InitStructure);                            //配置生效
        //连接外部中断线 0 到 PB0 引脚
        GPIO_EXTILineConfig(GPIO_PortSourceGPIOB, GPIO_PinSource0);
    }
    void NVIC_Configuration(void)
    {
        //配置中断优先级
        NVIC_InitTypeDef NVIC_InitStructure;
        NVIC_InitStructure. NVIC_IRQChannel = EXTI0_IRQn;          //外部中断 0
        //抢占优先级 0
        NVIC_InitStructure. NVIC_IRQChannelPreemptionPriority = 0x00;
        NVIC_InitStructure. NVIC_IRQChannelSubPriority = 0x01;     //子优先级 1
        NVIC_InitStructure. NVIC_IRQChannelCmd = ENABLE;           //中断线使能
        NVIC_Init(&NVIC_InitStructure);                           //配置生效
    }
    void button_init(void)
    {
        //使能 GPIOB 时钟
        RCC_APB2PeriphClockCmd(RCC_APB2Periph_GPIOB, ENABLE);
        button_GPIO_Configuration( );
        EXTI_Configuration( );
        NVIC_Configuration( );
    }
    void EXTI0_IRQHandler(void)
    {
        if (EXTI_GetITStatus(EXTI_Line0) ! = RESET)
```

```
    {
        //清除中断标志
        EXTI_ClearITPendingBit(EXTI_Line0);
        //切换 LED 状态
        led_statu=! led_statu;
    }
}
```

（4）编写主函数 main. c。对初始化函数进行调用，并且通过判断 LED 灯的状态来决定是开灯还是关灯。

```
#include "button. h"
#include "led. h"
//led 灯的状态
uint8_t led_statu=0;
int main(void)
{
    led_init( );
    button_init( );
    while(1)
    {
        if(led_statu==1)
        {
            led_off( );                    //关灯
        }
        else
        {
            led_on( );                     //开灯
        }
    }
}
```

（5）编译和烧录：编译程序并将它烧录到 STM32 微控制器中。

（6）测试和验证：按下按键，观察 LED 灯的状态是否根据按键的状态切换，确保任务能够正常运行。

按键中断控制 LED 灯

任务小结

在任务中，通过外部的按键连接 GPIO 输入信号，触发了中断信号。STM32 微控制器收到信号后进行处理，通过 GPIO 输出信号到 LED，从而完成 LED 的开关。

任务拓展

在完成任务后可以进一步增加复杂性和功能，更深入地了解嵌入式系统开发。以下是一些扩展任务的建议：

（1）多 LED 控制。添加更多的 LED，并在按键按下时循环切换它们的状态，以创建不同的灯光模式。

（2）状态指示灯。使用多个 LED 来表示不同的系统状态，如电池电量、网络连接状态等。按键用于切换状态。

（3）串口通信。添加串口通信功能，通过串口与计算机或其他设备进行通信，以实现更高级的控制和数据传输。

（4）电源管理。添加电源管理功能，以便在系统不使用时将 LED 和其他外设进入低功耗模式，以延长电池寿命。

（5）错误处理。实现错误检测和处理机制，以处理按键或 LED 操作中的异常情况。

任务 6.2　定时器中断控制 LED 灯

任务描述与要求

本任务要求设计一个 LED 灯闪烁系统，当系统通电时，LED 灯会以 2 s 为周期（1 s 亮，1 s 灭）进行闪烁。

知识学习

在 STM32 微控制器中，不仅可以使用外部设备触发中断，还可以使用定时器来生成定时中断。定时器中断是一种基于时间的中断，允许在特定时间间隔内执行某些任务或代码。

STM32 微控制器具有多个定时器，需要选择合适的定时器来生成中断。STM32 微控制器的定时器主要分为高级定时器、通用定时器、基本定时器三种，如表 6.1 所示。

表 6.1　定时器简介

类型	编号	总线	功　能
高级定时器	TIM1、TIM8	APB2	拥有通用定时器全部功能，并额外具有重复计数器、死区生成、互补输出、制动输入等功能
通用定时器	TIM2、TIM3、TIM4、TIM5	APB1	拥有基本定时器全部功能，并额外具有内外时钟源选择、输入捕获、输出比较、编码器接口、主从触发模式等功能
基本定时器	TIM6、TIM7		拥有定时中断、主模式触发 DAC 的功能

任务实施

任务实施步骤如下：

（1）硬件连接：任务 6.1 实施步骤（1），将 LED 连接至 GPIO 接口。

（2）LED 控制：任务 6.1 实施步骤（2），编写 led.h 和 led.c 文件。

（3）在 main.c 中编写定时器相关代码。其中 TIM_ClockDivision 为时钟分频因子，通常有以下的选项：TIM_CKD_DIV1（不分频）、TIM_CKD_DIV2（分频为 2）、TIM_CKD_DIV4

（分频为 4）。TIM_Prescaler 为时钟预分频因子，可以控制定时器时间的颗粒度。这两种分频因子可以一起发挥作用。例如，STM32F103ZET6 频率为 72 MHz，如果将时钟预分频因子设置为（7 200 000-1），计数频率则变成 10 Hz，计数一次为 0.1 s，这时计时精准度只能为 0.1 s。计数器从 0 开始计数，直到值为 TIM_InitStructure.TIM_Period 时，自动重置计数器。

因此，对于 72 MHz 的 STM32 微控制器，时钟预分频因子设置为（7 200-1）时，让定时器每 1 s 触发一次，需要设置 TIM_InitStructure.TIM_Period 值为（1 000-1）。相关代码如下：

```
#include "stm32f10x. h"
#include "led. h"
// 定义定时器标志
volatile uint8_t timer_flag = 0;
//led 灯的状态
uint8_t led_statu=0;
// 改变 led 灯的状态
void change_led(void)
{
    if(led_statu==1)
    {
        led_off( );                                      //关灯
    }
    else
    {
        led_on( );                                       //开灯
    }

}
//定时器中断处理函数
void TIM2_IRQHandler(void)
{
    if (TIM_GetITStatus(TIM2, TIM_IT_Update) ! = RESET)
    {
        //清除中断标志
        TIM_ClearITPendingBit(TIM2, TIM_IT_Update);
        //代表定速器已经触发
        timer_flag = 1;
    }
}
int main(void)
{
    //初始化定时器
    TIM_TimeBaseInitTypeDef TIM_InitStructure;
    TIM_InitStructure. TIM_Prescaler = 7200 - 1;          //时钟预分频因子
```

```
//定时器从 0 计数,计数到 TIM_Period 的值时触发一次,并且重新从 0 计数
TIM_InitStructure. TIM_Period = 1000 - 1;
//计数模式:向上计数模式,从 0 开始递增
TIM_InitStructure. TIM_CounterMode = TIM_CounterMode_Up;
//时钟分频因子
TIM_InitStructure. TIM_ClockDivision = TIM_CKD_DIV1;
TIM_TimeBaseInit(TIM2, &TIM_InitStructure);

//配置定时器中断
NVIC_InitTypeDef NVIC_InitStructure;
//设置中断通道为 TIM2 定时器
NVIC_InitStructure. NVIC_IRQChannel = TIM2_IRQn;
NVIC_InitStructure. NVIC_IRQChannelPreemptionPriority = 0;
NVIC_InitStructure. NVIC_IRQChannelSubPriority = 0;
NVIC_InitStructure. NVIC_IRQChannelCmd = ENABLE;
NVIC_Init(&NVIC_InitStructure);

//启动定时器
TIM_Cmd(TIM2, ENABLE);
TIM_ITConfig(TIM2, TIM_IT_Update, ENABLE);

while (1)
{
    if (timer_flag)
    {
        //在定时器中断中执行的任务
        change_led( );                    //触发定时器时改变 LED 灯的状态
        led_statu =! led_statu;
        timer_flag = 0;                   //重置标志
    }
}
}
```

（4）编译和烧录：编译程序并将它烧录到 STM32 微控制器中。

（5）测试和验证：按下按键，观察 LED 灯的状态是否根据定时器的状态切换，确保任务能够正常运行。

任务小结

定时器中断
控制 LED 灯

在任务中，不同于按键触发的中断，使用了定时器触发的中断来对 LED 灯的状态进行改变。注意：不同的 STM32 微控制器的频率可能不同，因此在设置定时器时需要了解清楚该控制器的工作频率。

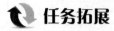 **任务拓展**

在完成任务后可以进一步增加复杂性和功能，更深入地了解嵌入式系统开发。以下是一些扩展任务的建议：

（1）LED 闪烁模式。除了简单地打开和关闭 LED，实现 LED 的不同闪烁模式，如交替闪烁、呼吸效果或随机模式，以增加视觉效果。

（2）随机模式。为 LED 的闪烁模式添加随机性。可以使用伪随机数生成器来生成随机模式的参数，如 LED 切换的时间间隔、亮度级别等，这样可以使 LED 的闪烁更加有趣和不可预测。

项目评价与反思

任务评价如表 6.2 所示，项目总结反思如表 6.3 所示。

表 6.2　任务评价

评价类型	总分	具体指标	得分		
			自评	组评	师评
职业能力	55	按下按键切换 LED 灯			
		LED 灯以 2 s 为周期进行闪烁			
职业素养	20	按时出勤			
		安全用电			
		编程规范			
		接线正确			
		及时整理工具			
劳动素养	15	按时完成，认真填写记录			
		保持工位整洁有序			
		分工合理			
德育素养	10	具备工匠精神			
		爱党爱国、认真学习			
		协作互助、团结友善			

表 6.3　项目总结反思

目标达成度：	知识：	能力：	素养：
学习收获：		教师评价：	
问题反思：			

基于 STM32 的通信控制

通信就是信息互通，人跟人间的信息互通、机器跟机器间的信息互通、机器跟人之间的信息互通。想要做到互通，主要有两个问题需要解决："信息如何表示"和"信息该如何传输"。信息交互中，最原始、朴素的表示是 0 和 1。其中，信息传输主要指 01 串在介质上传输的过程，这个过程具体跟诸如无线电、光纤和电缆如何操作实现有关。那么，在电子世界中如何表示 0 和 1？信息的发送方和接收方如何解析？如何用 0 和 1 的组合表示我们所要传达的信息？这些就是值得讨论的问题。

任务 7.1 串口通信

任务描述与要求

STM32 芯片与 PC 端通过串口调试助手进行收发测试，分别通过串口 1、串口 2、串口 3 和串口 4 进行简单的收发数据测试。

知识学习

STM32 芯片共有两种串口通信接口，即 UART 通用异步收发器和 USART 通用同步异步收发器。对于大容量的 STM32F10x 系列芯片，包含 3 个 USART 和 2 个 UART。UART 异步通信的引脚连接方法如图 7.1.1 所示。

注意：TX 引脚要连接另一个控制器 RX 引脚，反之 RX 亦然。表 7.1 所示为串口引脚对应连接关系。

一、串口通信相关寄存器

STM32 串口通信的相关寄存器共有 3 个。

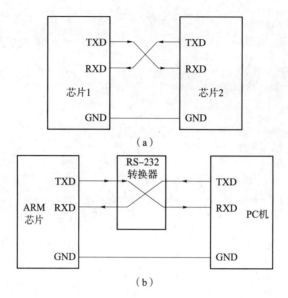

图 7.1.1　UART 异步通信的引脚连接方法

（a）芯片互连；（b）芯片与 PC 机互连

表 7.1　串口引脚对应连接关系

串口号	RXD	TXD	串口号	RXD	TXD
1	PA10	PA9	3	PB11	PB10
2	PA3	PA2	4	PC11	PC10

1. USART_SR 状态寄存器

USART_SR 状态寄存器用于描述 USART 的工作状态，为编程者提供一个串口的实时状态，如图 7.1.2 所示。前面分析框图时提到过，发送时需要判断上一帧有没有发送完毕；接收时需要判断上一帧数据有没有接收完毕，当时说的是有内部标志，这其中的标志就在此寄存器中。状态寄存器是只读型。这个寄存器的最大作用是解决了发送完成和接收完成的两个标志位的问题。

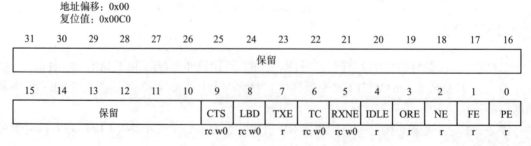

图 7.1.2　USART_SR 状态寄存器

2. USART_DR 数据寄存器

USART_DR 数据寄存器是 USART 数据寄存器，用于存储 USART 发送或接收的数据，读和写都是使用的 USART_DR 数据寄存器，如图 7.1.3 所示。

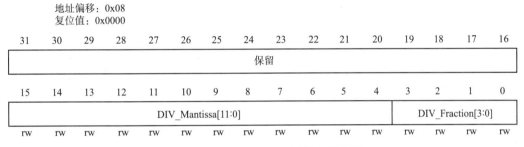

地址偏移：0x04
复位值：不确定

| 31 | 30 | 29 | 28 | 27 | 26 | 25 | 24 | 23 | 22 | 21 | 20 | 19 | 18 | 17 | 16 |

保留

| 15 | 14 | 13 | 12 | 11 | 10 | 9 | 8 | 7 | 6 | 5 | 4 | 3 | 2 | 1 | 0 |

保留　　　　　　　DR[8:0]

rw　rw　rw　rw　rw　rw　rw　rw　rw

图 7.1.3　USART_DR 数据寄存器

3. USART_BRR 波特率寄存器

在波特率的配置过程中，将计算的 DIV 结构写入一个寄存器即可。如图 7.1.4 所示，USART_BRR 波特率寄存器的 4~15 位是写入 DIV 的整数部分，0~3 位是写入 DIV 的小数部分。

地址偏移：0x08
复位值：0x0000

| 31 | 30 | 29 | 28 | 27 | 26 | 25 | 24 | 23 | 22 | 21 | 20 | 19 | 18 | 17 | 16 |

保留

| 15 | 14 | 13 | 12 | 11 | 10 | 9 | 8 | 7 | 6 | 5 | 4 | 3 | 2 | 1 | 0 |

DIV_Mantissa[11:0]　　　　　　　DIV_Fraction[3:0]

rw　rw　rw　rw　rw　rw　rw　rw　rw　rw　rw　rw　rw　rw　rw　rw

图 7.1.4　USART_BRR 波特率寄存器

二、串口通信协议

在串口通信协议中，规定了数据包的内容，由起始位、数据位、校验位及停止位组成，通信双方的数据包格式要约定一致才能正常收发数据，如图 7.1.5 所示。

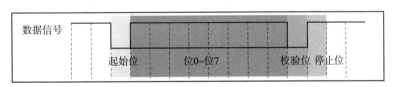

数据信号

起始位　　位0~位7　　校验位 停止位

图 7.1.5　数据信号数据包格式

起始位：在通信线上没有数据传送时处于逻辑"1"状态。当发送设备发送一个字符数据时，首先发出一个逻辑"0"信号，这个逻辑低电平就是起始位（下降沿）。起始位通过通信线传向接收设备，当接收设备检测到这个逻辑低电平后，就开始准备接收数据信号。因此，起始位所起的作用就是表示字符传送开始。

数据位：数据位紧跟在起始位之后，是通信中的真正有效信息，即要传输的主体数据内容。数据位的位数可以由通信双方共同约定，一般可以是 5 位、7 位或 8 位。

校验位：在有效数据之后，有一个可选的校验位。由于数据通信相对更容易受到外部干扰导致传输数据出现偏差，可以在传输过程加上校验位来解决这个问题。校验方法有奇校验（odd）、偶校验（even）、0 校验（space）、1 校验（mark）以及无校验（noparity）。

停止位：停止位可以是 1 位、1.5 位或 2 位，可以由软件设定。它一定是"1"，标志着传输一个字符的结束。

三、串口常用的库函数

库函数的作用、形式参数及返回值如表 7.2 所示。

表 7.2　库函数的作用、形式参数及返回值

函数名	作用	返回值	形式参数 1	形式参数 2
USART_Init( )	串口初始化	2.0	串口号	串口配置结构体
USART_ DeInit( )	复位	1.0	串口号	
USART_Cmd( )	串口使能函数	2.0	串口号	ENABLE（使能的意思）
USART_ITConfig( )	串口中断使能	3.0	串口号	参数 2：中断的形式 参数 3：ENABLE
USART_SendData( )	发送数据	2.0	串口号	发送的数据
USART_ReceiveData( )	接收数据	1.1	串口号	
USART_GetFlagStatus( )	获取状态标志位	2.1	串口号	标志方式
USART_ClearFlag( )	清除状态标志位	2.0	串口号	标志方式
USART_GetITStatus( )	获取中断状态标志位	2.0	串口号	中断方式
USART_ClearITPendingBit( )	清除中断状态标志位	2.0	串口号	中断方式

库函数详细讲解可参考 STM32 中文参考手册。

四、串口配置一般步骤

（1）串口时钟使能，GPIO 时钟使能：RCC_APB2PeriphClockCmd( )。

（2）串口复位：USART_DeInit( )；这一步不是必需的。

（3）GPIO 端口模式设置：GPIO_Init( )；模式设置为推挽复用以及浮空输入或者上拉输入（具体可参照 STM32 中文参考手册）。

（4）串口参数初始化：USART_Init( )。

（5）开启中断并且初始化 NVIC（如果需要开启中断才需要这个）：NVIC_Init( )；USART_ITConfig( )。

（6）使能串口：USART_Cmd( )。

（7）编写中断处理函数：USARTx_IRQHandler( )。

（8）串口数据收发：void USART_SendData( )；发送数据到串口。

```
DR uint16_t USART_ReceiveData( );          //接收数据,从 DR 读取接收到的数据
```

（9）串口传输状态获取：

```
FlagStatus USART_GetFlagStatus(USART_TypeDef*  USARTx, uint16_t USART_FLAG);
void USART_ClearITPendingBit(USART_TypeDef*  USARTx, uint16_t USART_IT)。
```

五、硬件连接

串口所对应的 GPIO 有相对应的初始化，而串口很强大，最多有五个引脚，所对应的
GPIO 的模式也不同。TX：发送数据输出引脚。RX：接收数据输入引脚。TX 与 RX 分别相
连，开发板与 PC 端通过 USB 口进行连接。

任务实施

1. 开启串口 1 和 GPIOA 时钟

TX、RX 挂接在 GPIOA 上。

```
RCC_APB2PeriphClockCmd (RCC_APB2Periph_GPIOA,ENABLE);        //打开 GPIOA 的时钟
RCC_APB2PeriphClockCmd (RCC_APB2Periph_USART1,ENABLE);       //打开串口 1 的时钟
```

2. 初始化串口

```
USART_InitTypeDef USART_InitStruct;                                //串口初始化结构体
USART_InitStruct. USART_BaudRate=115200;                          //波特率
USART_InitStruct. USART_HardwareFlowControl=USART_HardwareFlowControl_None;
                                                                  //硬件控制(关闭)
USART_InitStruct. USART_Mode =USART_Mode_Rx|USART_Mode_Tx;       //开启接收和发送
USART_InitStruct. USART_Parity =USART_Parity_No;                  //没有校验位
USART_InitStruct. USART_StopBits =USART_StopBits_1;              //一个停止位
USART_InitStruct. USART_WordLength =USART_WordLength_8b;          //每次发送接收数据长度
USART_Init(USART1,&USART_InitStruct);                            //初始化串口
USART_Cmd(USART1,ENABLE);                                        //使能串口
```

3. 初始化 GPIOA

```
GPIO_InitTypeDef GPIO_InitStruct;                         //GPIO 初始化指针
GPIO_InitStruct. GPIO_Mode=GPIO_Mode_AF_PP;
GPIO_InitStruct. GPIO_Pin=GPIO_Pin_9;
GPIO_InitStruct. GPIO_Speed=GPIO_Speed_50 MHz ;
GPIO_InitStruct. GPIO_Mode=GPIO_Mode_IN_FLOATING ;
GPIO_InitStruct. GPIO_Pin=GPIO_Pin_10;
GPIO_InitStruct. GPIO_Speed =GPIO_Speed_50 MHz ;
GPIO_Init(GPIOA,&GPIO_InitStruct);
```

4. 头文件 usart. h

```
#ifndef _USART_H_
#define _USART_H_
#include "stm32f10x. h"
#include "led. h"
#define USART_DEBU GUSART1                              //调试打印所使用的串口组

void Usart1_Init(unsigned int baud);
```

```
void Usart2_Init(unsigned int baud);
void Usart3_Init(unsigned int baud);
void Usart4_Init(unsigned int baud);
void Usart_SendString(USART_TypeDef * USARTx, unsigned char * str, unsigned short len);
void UsartPrintf(USART_TypeDef * USARTx, char * fmt,... );
void Usart_SendByte(USART_TypeDef * USARTx, unsigned char str);
void USART_test(void);
#endif
```

5. 包含的 C 库

```
#include <stdarg. h>
#include <string. h>
```

6. 串口 1 初始化

串口 1 初始化函数为 Usart1_Init，入口参数为设定的波特率 baud，无返回值，硬件连接为 TX-PA9 和 RX-PA10。

```
void Usart1_Init(unsigned int baud)
{

    GPIO_InitTypeDef gpioInitStruct;
    USART_InitTypeDef usartInitStruct;
    NVIC_InitTypeDef nvicInitStruct;

    RCC_APB2PeriphClockCmd(RCC_APB2Periph_GPIOA, ENABLE);              //打开 GPIOA 的时钟
    RCC_APB2PeriphClockCmd(RCC_APB2Periph_USART1, ENABLE);            //打开 USART1 的时钟
    //PA9 TXD
    gpioInitStruct. GPIO_Mode = GPIO_Mode_AF_PP;                       //设置为复用模式
    gpioInitStruct. GPIO_Pin = GPIO_Pin_9;                             //初始化 Pin9
    gpioInitStruct. GPIO_Speed = GPIO_Speed_50MHz;                     //承载的最大频率
    GPIO_Init(GPIOA, &gpioInitStruct);                                 //初始化 GPIOA
    //PA10 RXD
    gpioInitStruct. GPIO_Mode = GPIO_Mode_IN_FLOATING;                 //设置为浮空输入
    gpioInitStruct. GPIO_Pin = GPIO_Pin_10;                            //初始化 Pin10
    gpioInitStruct. GPIO_Speed = GPIO_Speed_50MHz;                     //承载的最大频率
    GPIO_Init(GPIOA, &gpioInitStruct);                                 //初始化 GPIOA

    usartInitStruct. USART_BaudRate = baud;
    usartInitStruct. USART_HardwareFlowControl = USART_HardwareFlowControl_None;  //无硬件流控
    usartInitStruct. USART_Mode = USART_Mode_Rx | USART_Mode_Tx;       //接收和发送
    usartInitStruct. USART_Parity = USART_Parity_No;                   //无校验
    usartInitStruct. USART_StopBits = USART_StopBits_1;                //1 位停止位
    usartInitStruct. USART_WordLength = USART_WordLength_8b;           //8 位数据位
```

```
        USART_Init(USART1, &usartInitStruct);
        USART_Cmd(USART1, ENABLE);                        //使能串口
        USART_ITConfig(USART1, USART_IT_RXNE, ENABLE);    //使能接收中断


        nvicInitStruct. NVIC_IRQChannel = USART1_IRQn;       //USART1 中断号
        nvicInitStruct. NVIC_IRQChannelCmd = ENABLE;         //中断通道使能
        nvicInitStruct. NVIC_IRQChannelPreemptionPriority = 0;  //抢占中断优先级(值越小优先级越高)
        nvicInitStruct. NVIC_IRQChannelSubPriority = 2;         //子中断优先级(值越小优先级越高)
        NVIC_Init(&nvicInitStruct);                          //初始化 NVIC
    }
```

7. 串口 2 初始化

串口 2 初始化函数为 Usart2_Init，入口参数为设定的波特率 baud，无返回值，硬件连接为 TX-PA2 和 RX-PA3。

```
    void Usart2_Init(unsigned int baud)
    {
        GPIO_InitTypeDef gpioInitStruct;
        USART_InitTypeDef usartInitStruct;
        NVIC_InitTypeDef nvicInitStruct;
        RCC_APB2PeriphClockCmd(RCC_APB2Periph_GPIOA, ENABLE);
        RCC_APB1PeriphClockCmd(RCC_APB1Periph_USART2, ENABLE);
        //PA2 TXD
        gpioInitStruct. GPIO_Mode = GPIO_Mode_AF_PP;
        gpioInitStruct. GPIO_Pin = GPIO_Pin_2;
        gpioInitStruct. GPIO_Speed = GPIO_Speed_50MHz;
        GPIO_Init(GPIOA, &gpioInitStruct);
        //PA3 RXD
        gpioInitStruct. GPIO_Mode = GPIO_Mode_IN_FLOATING;
        gpioInitStruct. GPIO_Pin = GPIO_Pin_3;
        gpioInitStruct. GPIO_Speed = GPIO_Speed_50MHz;
        GPIO_Init(GPIOA, &gpioInitStruct);
        usartInitStruct. USART_BaudRate = baud;
        usartInitStruct. USART_HardwareFlowControl = USART_HardwareFlowControl_None;  //无硬件流控
        usartInitStruct. USART_Mode = USART_Mode_Rx | USART_Mode_Tx;    //接收和发送
        usartInitStruct. USART_Parity = USART_Parity_No;                //无校验
        usartInitStruct. USART_StopBits = USART_StopBits_1;             //1 位停止位
        usartInitStruct. USART_WordLength = USART_WordLength_8b;         //8 位数据位
        USART_Init(USART2, &usartInitStruct);

        USART_Cmd(USART2, ENABLE);                        //使能串口
        USART_ITConfig(USART2, USART_IT_RXNE, ENABLE);    //使能接收中断
```

```
        nvicInitStruct. NVIC_IRQChannel = USART2_IRQn;
        nvicInitStruct. NVIC_IRQChannelCmd = ENABLE;
        nvicInitStruct. NVIC_IRQChannelPreemptionPriority = 0;
        nvicInitStruct. NVIC_IRQChannelSubPriority = 0;
        NVIC_Init(&nvicInitStruct);
    }
```

8. 串口 3 初始化

串口 3 初始化函数为 Usart3_Init，入口参数为设定的波特率 baud，无返回值，硬件连接为 TX-PB10 和 RX-PB11。

```
    void Usart3_Init(unsigned int baud)
    {
        GPIO_InitTypeDef gpioInitStruct;
        USART_InitTypeDef usartInitStruct;
        NVIC_InitTypeDef nvicInitStruct;
        RCC_APB2PeriphClockCmd(RCC_APB2Periph_GPIOB, ENABLE);
        RCC_APB1PeriphClockCmd(RCC_APB1Periph_USART3, ENABLE);
        //PB10 TXD
        gpioInitStruct. GPIO_Mode = GPIO_Mode_AF_PP;
        gpioInitStruct. GPIO_Pin = GPIO_Pin_10;
        gpioInitStruct. GPIO_Speed = GPIO_Speed_50MHz;
        GPIO_Init(GPIOB, &gpioInitStruct);

        //PB11 RXD
        gpioInitStruct. GPIO_Mode = GPIO_Mode_IN_FLOATING;
        gpioInitStruct. GPIO_Pin = GPIO_Pin_11;
        gpioInitStruct. GPIO_Speed = GPIO_Speed_50MHz;
        GPIO_Init(GPIOB, &gpioInitStruct);

        usartInitStruct. USART_BaudRate = baud;
        usartInitStruct. USART_HardwareFlowControl = USART_HardwareFlowControl_None;  //无硬件流控
        usartInitStruct. USART_Mode = USART_Mode_Rx | USART_Mode_Tx;                  //接收和发送
        usartInitStruct. USART_Parity = USART_Parity_No;                             //无校验
        usartInitStruct. USART_StopBits = USART_StopBits_1;                          //1 位停止位
        usartInitStruct. USART_WordLength = USART_WordLength_8b;                     //8 位数据位
        USART_Init(USART3, &usartInitStruct);

        USART_Cmd(USART3, ENABLE);                                                   //使能串口
        USART_ITConfig(USART3, USART_IT_RXNE, ENABLE);                              //使能接收中断
        nvicInitStruct. NVIC_IRQChannel = USART3_IRQn;
        nvicInitStruct. NVIC_IRQChannelCmd = ENABLE;
        nvicInitStruct. NVIC_IRQChannelPreemptionPriority = 0;
```

```
        nvicInitStruct. NVIC_IRQChannelSubPriority = 0;
        NVIC_Init(&nvicInitStruct);
}
```

9. 串口 4 初始化

串口 4 初始化函数为 Usart4_Init，入口参数为设定的波特率 baud，无返回值，硬件连接为 TX-PC10 和 RX-PC11。

```
void Usart4_Init(unsigned int baud)
{
    GPIO_InitTypeDef gpioInitStruct;
    USART_InitTypeDef usartInitStruct;
    NVIC_InitTypeDef nvicInitStruct;
    RCC_APB2PeriphClockCmd(RCC_APB2Periph_GPIOC, ENABLE);
    RCC_APB1PeriphClockCmd(RCC_APB1Periph_UART4, ENABLE);

    //PC10 TXD
    gpioInitStruct. GPIO_Mode = GPIO_Mode_AF_PP;
    gpioInitStruct. GPIO_Pin = GPIO_Pin_10;
    gpioInitStruct. GPIO_Speed = GPIO_Speed_50MHz;
    GPIO_Init(GPIOC, &gpioInitStruct);

    //PC11 RXD
    gpioInitStruct. GPIO_Mode = GPIO_Mode_IN_FLOATING;
    gpioInitStruct. GPIO_Pin = GPIO_Pin_11;
    gpioInitStruct. GPIO_Speed = GPIO_Speed_50MHz;
    GPIO_Init(GPIOC, &gpioInitStruct);

    usartInitStruct. USART_BaudRate = baud;
    usartInitStruct. USART_HardwareFlowControl = USART_HardwareFlowControl_None;  //无硬件流控
    usartInitStruct. USART_Mode = USART_Mode_Rx | USART_Mode_Tx;            //接收和发送
    usartInitStruct. USART_Parity = USART_Parity_No;                        //无校验
    usartInitStruct. USART_StopBits = USART_StopBits_1;                     //1 位停止位
    usartInitStruct. USART_WordLength = USART_WordLength_8b;                //8 位数据位
    USART_Init(UART4, &usartInitStruct);
    USART_Cmd(UART4, ENABLE);                                              //使能串口
    USART_ITConfig(UART4, USART_IT_RXNE, ENABLE);                         //使能接收中断
    nvicInitStruct. NVIC_IRQChannel = UART4_IRQn;
    nvicInitStruct. NVIC_IRQChannelCmd = ENABLE;
    nvicInitStruct. NVIC_IRQChannelPreemptionPriority = 0;
    nvicInitStruct. NVIC_IRQChannelSubPriority = 0;
    NVIC_Init(&nvicInitStruct);
}
```

10. 串口数据发送

串口数据发送函数为 Usart_SendString，入口参数为串口组 USARTx、要发送的数据 str 和数据长度 len，无返回值，USARTx 中的 x＝1、2、3、4。

```
void Usart_SendString(USART_TypeDef * USARTx, unsigned char * str, unsigned short len)
{
    unsigned short count = 0;
    for(; count < len; count++)
    {
        USART_SendData(USARTx, * str++);                                    //发送数据
        while(USART_GetFlagStatus(USARTx, USART_FLAG_TC) == RESET);    //等待发送完成
    }
}
```

11. 串口数据单字节发送

串口数据单字节发送函数为 Usart_SendByte，入口参数为串口组 USARTx 和要发送的数据 str，无返回值。

```
void Usart_SendByte(USART_TypeDef * USARTx, unsigned char str)
{
    USART_SendData(USARTx, str);                                        //发送数据
    while(USART_GetFlagStatus(USARTx, USART_FLAG_TC) == RESET);    //等待发送完成
}
```

12. 格式化打印

格式化打印函数为 UsartPrintf，入口参数为串口组 USARTx、不定长参数 fmt，无返回值。

```
void UsartPrintf(USART_TypeDef * USARTx, char * fmt,...)
{

    unsigned char UsartPrintfBuf[296];
    va_list ap;
    unsigned char * pStr = UsartPrintfBuf;
    va_start(ap, fmt);
    vsprintf((char * )UsartPrintfBuf, fmt, ap);                        //格式化
    va_end(ap);
    while(* pStr ! = 0)
    {
        USART_SendData(USARTx, * pStr++);
        while(USART_GetFlagStatus(USARTx, USART_FLAG_TC) == RESET);
    }
}
```

13. 串口 1 收发中断

串口 1 收发中断处理函数为 USART1_IRQHandler，该函数名称为系统设定，不能随意更改，无入口参数，无返回参数。

```c
extern char usart1Buf[512];
extern int usart1Len;
void USART1_IRQHandler(void)
{
    if(USART_GetITStatus(USART1, USART_IT_RXNE) ! = RESET)    //接收中断
    {
        if(usart1Len >= 512)                                   //防止数据过多,导致内存溢出
            usart1Len = 0;
        usart1Buf[usart1Len++] = USART1- >DR;
        USART_ClearFlag(USART1, USART_FLAG_RXNE);
    }
}
```

14. 串口 2 收发中断

串口 2 收发中断处理函数为 USART2_IRQHandler，该函数名称为系统设定，不能随意更改，无入口参数，无返回参数。

```c
extern char usart2Buf[512];
extern int usart2Len;

void USART2_IRQHandler(void)
{
    if(USART_GetITStatus(USART2, USART_IT_RXNE) ! = RESET)    //接收中断
    {
        //防止数据过多,导致内存溢出
        if(usart2Len >= 512){
            usart2Len = 0;
        }
        usart2Buf[usart2Len++] = USART2- >DR;
    //用于验证特定信息
        if(usart2Buf[usart2Len] == '3' || usart2Buf[usart2Len- 1] == '3'){
            check_men = 1;
        }
        else if(usart2Buf[usart2Len] == '4' || usart2Buf[usart2Len- 1] == '4' ){
            check_men = 2;
        }

        USART_ClearFlag(USART2, USART_FLAG_RXNE);
    }
}
```

15. 串口 3 收发中断

串口 3 收发中断处理函数为 USART3_IRQHandler，该函数名称为系统设定，不能随意更改，无入口参数，无返回参数。

```
extern char usart3Buf[1024];
extern int usart3Len;
void USART3_IRQHandler(void)
{
    if(USART_GetITStatus(USART3, USART_IT_RXNE) ! = RESET)   //接收中断
    {
        if(usart3Len >= 1024)                                //防止数据过多,导致内存溢出
            usart3Len = 0;
        usart3Buf[usart3Len++] = USART3- >DR;
        USART_ClearFlag(USART3, USART_FLAG_RXNE);
    }
}
```

16. 串口 4 收发中断

串口 4 收发中断处理函数为 USART4_IRQHandler，该函数名称为系统设定，不能随意更改，无入口参数，无返回参数。

```
extern unsigned char usart4Len ;                            //usart4 接收的数据长度
extern unsigned char usart4Buf[64];                         //usart4 接收缓存
void USART4_IRQHandler(void)
{

    if(USART_GetITStatus(UART4, USART_IT_RXNE) ! = RESET)   //接收中断
    {
        if(usart4Len >= 64)                                 //防止数据过多,导致内存溢出
            usart4Len = 0;
        usart4Buf[usart4Len++] = UART4- >DR;
        USART_ClearFlag(UART4, USART_FLAG_RXNE);
    }
}
```

17. 串口测试函数

串口测试函数为 USART_test，测试 4 个串口收发数据功能是否正常，无入口参数，无返回参数。

```
void USART_test(void)
{
//*********************** USART1 ************************//
    if(usart1Len > 0)
    {
        UsartPrintf(USART1, "Usart1 Get Data: \r\n% s\r\n", usart1Buf);
```

```
        memset(usart1Buf, 0, sizeof(usart1Buf));
        usart1Len = 0;

    }

//********************** USART2************************//
    if(usart2Len > 0)
    {
        UsartPrintf(USART2, "Usart2 Get Data: \r\n%s\r\n", usart2Buf);
        memset(usart2Buf, 0, sizeof(usart2Buf));
        usart2Len = 0;

    }

//********************** USART3************************//
    if(usart3Len > 0)
    {
        UsartPrintf(USART3, "Usart3 Get Data: \r\n%s\r\n", usart3Buf);
        memset(usart3Buf, 0, sizeof(usart3Buf));
        usart3Len = 0;

    }

//********************** USART4************************//
    if(usart4Len > 0)
    {
        UsartPrintf(UART4, "Usart4 Get Data: \r\n%s\r\n", usart4Buf);

        memset(usart4Buf, 0, sizeof(usart4Buf));
        usart4Len = 0;

    }
}
```

18. 编译及调试

PC 端串口调试助手分别通过串口 1、串口 2、串口 3 和串口 4 发送数据 "123"，由 STM32 芯片接收，并回传同样信息 "123"。

串口通信

任务小结

本任务讲解 STM32 串口通信原理及硬件连接方式，并详细讲解各个串口的信息接发代码。

任务拓展

（1）完成 STM32 芯片与 PC 端汉字信息的收发。

（2）全国职业院校技能大赛嵌入式系统应用开发赛项赛题：A 车通过智能 ETC 系统，A 车在 F6→F4 路线上行驶，在 F6 处附近使智能 ETC 系统感应到 A 车上携带的电子标签，查询智能 ETC 系统闸门开启后 A 车顺利通过。

任务 7.2 蓝牙串口通信

任务描述与要求

STM32 芯片通过蓝牙串口分别与 PC 端和移动端进行接发通信, 并控制 LED 灯亮灭。

知识学习

一、HC-05 蓝牙模块简介

HC-05 蓝牙串口通信模块是基于 Bluetooth Specification V2.0 带 EDR 蓝牙协议的数传模块。无线工作频段为 2.4 GHz ISM, 调制方式是 GFSK。模块最大发射功率为 4 dBm, 接收灵敏度为-85 dBm, 板载 PCB 天线可以实现 10 m 距离通信。模块采用邮票孔封装方式, 模块大小为 27 mm×13 mm×2 mm, 方便用户嵌入应用系统之内, 自带 LED 灯, 可直观判断蓝牙的连接状态。模块采用 CSR 的 BC417 芯片, 支持 AT 指令, 用户可根据需要更改角色 (主、从模式) 以及串口波特率、设备名称等参数, 使用灵活。

HC-05 蓝牙模块参数如表 7.3 所示。

表 7.3 HC-05 蓝牙模块参数

参数名称	参数值	参数名称	参数值
型号	HC-05	模块尺寸	27 mm×13 mm×2 mm
工作频段	2.4 GHz	空中速率	2 Mb/s
通信接口	UART 3.3V TTL 电平	天线接口	内置 PCB 天线
工作电压	3.0~3.6 V	通信电流	40 mA
RSSI 支持	不支持	接收灵敏度	-85 dBm@2 Mb/s
通信电平	3.3 V	工作湿度	10%~90%
发射功率	4 dBm (最大)	存储温度	-40~+85 ℃
参考距离	10 m	工作温度	-25~75 ℃

二、模块连接方式

1. 引脚

引脚说明如表 7.4 所示。

表 7.4 引脚说明

标号	PIN	引脚说明
1	STATE	状态引出引脚 (未连接时输出低电平, 连接时输出高电平)
2	RXD	接收端

续表

标号	PIN	引脚说明
3	TXD	发送端
4	GND	模块供电负极
5	VCC	模块供电正极
6	EN	使能端，需要进入命令模式时接 3.3 V

2. 连接方式

HC-05 模块用于代替全双工通信时的物理连线。如图 7.2.1 所示，左边的设备向模块发送串口数据，模块的 RXD 端口收到串口数据后，自动将数据以无线电波的方式发送到空中。右边的模块能自动接收到，并从 TXD 还原最初左边设备所发的串口数据。从右到左也是一样的。

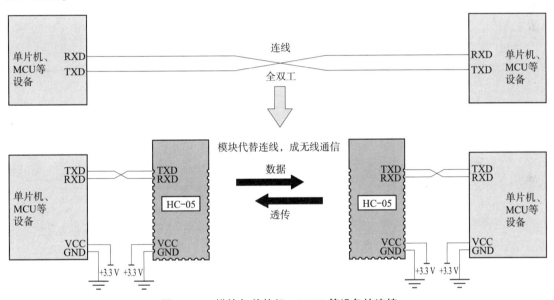

图 7.2.1　模块与单片机、MCU 等设备的连接

单片机、MCU 等设备与 HC-05 的连接如图 7.2.2 所示。

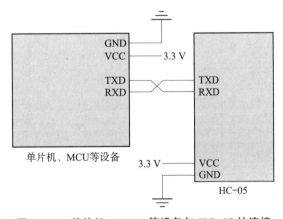

图 7.2.2　单片机、MCU 等设备与 HC-05 的连接

如图 7.2.3 所示，设置一个为主机，一个为从机，配对码一致（默认均为 1234），波特率一致，上电即可自动连接。HC-05 支持一对一连接。在连接模式 CMODE 为 0 时，主机第一次连接后，会自动记忆配对对象，如需连接其他模块，必须先清除配对记忆。在连接模式 CMODE 为 1 时，主机则不受绑定指令设置地址的约束，可以与其他从机模块连接。

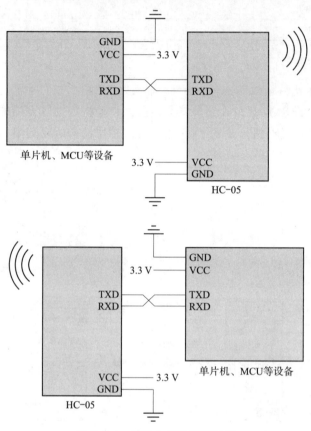

图 7.2.3　模块之间的连接通信

如图 7.2.4 所示，HC-05 可以与安卓手机自带蓝牙连接，通信测试可以使用安卓串口助手软件。

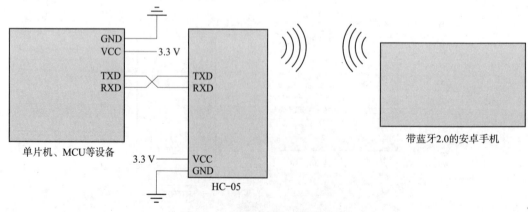

图 7.2.4　模块与手机的连接通信

如图 7.2.5 所示，HC-05 直接连接计算机需借助 HC-05-USB 蓝牙虚拟串口。HC-05 可直接连接计算机的自带蓝牙设备进行通信。

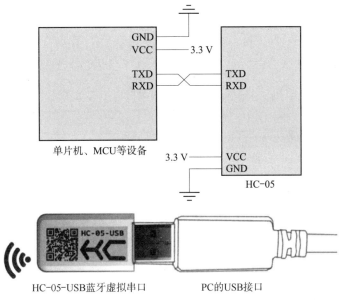

图 7.2.5　模块与 PC 的连接通信

三、AT 命令说明

正常模式是 9 600，AT 模式波特率固定为 38 400，8 位数据位、1 位停止位、无奇偶校验的通信格式。

（1）发送 AT\r\n，回复 OK。

（2）发送 AT+UART? \r\n，回复+UART 9600,0,0。

（3）发送 AT+UART=115 200,0,0\r\n，回复 OK，即波特率配置成功。

（4）AT+NAME="XXX" 修改蓝牙模块名称为 XXX。

（5）AT+ROLE=0 蓝牙模式为从模式。

（6）AT+CMODE=1 蓝牙连接模式为任意地址连接模式，也就是说该模块可以被任意蓝牙设备连接。

（7）AT+PSWD=1234 蓝牙配对密码为 1234。

（8）AT+UART=9 600,0,0 蓝牙通信串口波特率为 9 600，停止位 1 位，无校验位。配置结束，需带电重启一次。

四、硬件设计

（1）手机与 HC-05 通信。

（2）GND 接 GND。

（3）VCC 接 3.3 V。

（4）用 HC-05 控制 MCU。

（5）CH340 的 TXD 与 USART1 的 RX 引脚相连。

（6）CH340 的 RXD 与 USART1 的 TX 引脚相连。

（7）HC-05 的 TXD 与 USART2 的 RX 引脚相连。

（8）HC-05 的 RXD 与 USART2 的 TX 引脚相连。

任务实施

一、代码流程

（1）使能 RX 和 TX 引脚 GPIO 时钟和 USART 时钟。

（2）初始化 GPIO，并将 GPIO 复用到 USART 上。

（3）配置 USART 参数。

（4）配置中断控制器并使能 USART 接收中断。

（5）使能 USART。

（6）在 USART 接收中断服务函数实现数据接收和发送。

二、相关配置

1. 配置 HC-05

（1）进入 AT 模式。

（2）AT+ORGL，即 AT 恢复出厂设置。

（3）这里已经勾选"发送新行"复选框，直接发送 AT 就行，如图 7.2.6 所示，否则发送 AT\r\n。

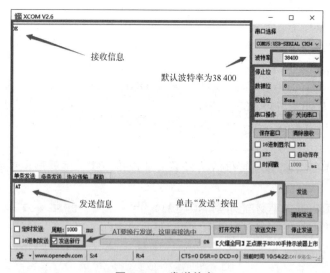

图 7.2.6　发送信息

（4）发送 AT，回复 OK。

（5）发送 AT+UART?，回复+UART 9600,0,0。

（6）发送 AT+UART=115 200,0,0，回复 OK，即波特率配置成功。

（7）AT+NAME="XXX" 修改蓝牙模块名称为 XXX。

（8）AT+ROLE=0 蓝牙模式为从模式。

（9）AT+CMODE=1 蓝牙连接模式为任意地址连接模式，也就是说该模块可以被任意蓝牙设备连接。

（10）AT+PSWD＝1234 蓝牙配对密码为 1234。

（11）AT+UART＝9 600,0,0 蓝牙通信串口波特率为 9 600，停止位 1 位，无校验位。配置结束，需带电重启一次。

2. 手机和串口接发通信

（1）手机搜索蓝牙，并填写配对码。

（2）蓝牙调试宝连接对应蓝牙。

（3）发送数据，串口接收；串口发送，手机接收。图 7.2.7 所示为联合调试的操作示意图。

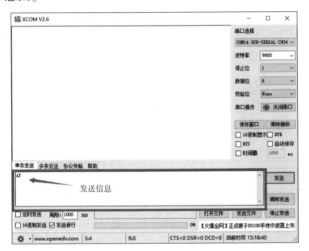

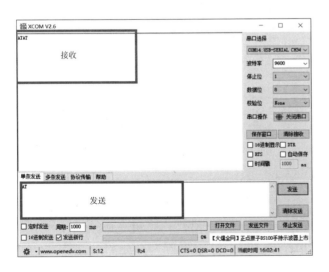

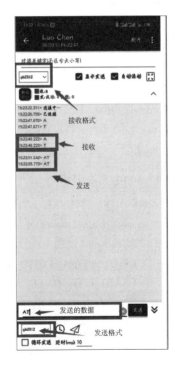

图 7.2.7　联合调试的操作示意图

3. 代码实现

1）led. c 详细代码

```
//P13 引脚控制 LED 灯
#include "led. h"//绑定 led. h

void LED_GPIO_Config(void) {
    GPIO_InitTypeDef GPIO_InitStruct;        //初始化参数结构体指针,结构体类型为 GPIO_InitTypeDef
    //开启 RCC 时钟
    RCC_APB2PeriphClockCmd(LED_G_GPIO_CLK, ENABLE);

    //配置初始化,推挽输出方式和 LED_G_GPIO_PIN 引脚、赫兹
    GPIO_InitStruct. GPIO_Pin = LED_G_GPIO_PIN;
    GPIO_InitStruct. GPIO_Mode = GPIO_Mode_Out_PP;
    GPIO_InitStruct. GPIO_Speed = GPIO_Speed_50MHz;
    //GPIO 端口初始化
    GPIO_Init(LED_G_GPIO_PORT, &GPIO_InitStruct);
}
```

2）led. h 详细代码

```
#ifndef __LED_H_
#define __LED_H_
#include "stm32f10x. h"
#include "sys. h"
#define LED_G_GPIO_PIN          GPIO_Pin_13
#define LED_G_GPIO_PORT          GPIOC
#define LED_G_GPIO_CLK          RCC_APB2Periph_GPIOC
//使用位带操作来实现操作某个 I/O 端口的 1 个位,由 sys. h 实现
#define LED    PCout(13)
void LED_GPIO_Config(void); //函数定义
#endif
```

3）usart. c 详细代码

```
struct   STRUCT_USARTx_Fram strHC05_Fram_Record = { 0 };
void uart2_init(u32 bound) {
    //GPIO 端口设置
    GPIO_InitTypeDef GPIO_InitStructure;
    USART_InitTypeDef USART_InitStructure;
    NVIC_InitTypeDef NVIC_InitStructure;
    RCC_APB2PeriphClockCmd(RCC_APB2Periph_GPIOA, ENABLE);       //使能 USART1、GPIOA 时钟
    RCC_APB1PeriphClockCmd(RCC_APB1Periph_USART2,ENABLE);
    //USART2_TX    GPIOA. 2
    GPIO_InitStructure. GPIO_Pin = GPIO_Pin_2;
```

```
        GPIO_InitStructure. GPIO_Speed = GPIO_Speed_50MHz;
        GPIO_InitStructure. GPIO_Mode = GPIO_Mode_AF_PP;              //复用推挽输出
        GPIO_Init(GPIOA, &GPIO_InitStructure);                       //初始化 GPIOA. 2
        //USART2_RX   GPIOA. 3 初始化
        GPIO_InitStructure. GPIO_Pin = GPIO_Pin_3;
        GPIO_InitStructure. GPIO_Mode = GPIO_Mode_IN_FLOATING;       //浮空输入
        GPIO_Init(GPIOA, &GPIO_InitStructure);                       //初始化 GPIOA. 3
        //USART2 NVIC 配置
         NVIC_PriorityGroupConfig(macNVIC_PriorityGroup_x);
            NVIC_InitStructure. NVIC_IRQChannel = USART2_IRQn;
        NVIC_InitStructure. NVIC_IRQChannelPreemptionPriority=0 ;    //抢占优先级 3
        NVIC_InitStructure. NVIC_IRQChannelSubPriority = 0;          //子优先级 3
        NVIC_InitStructure. NVIC_IRQChannelCmd = ENABLE;            //IRQ 通道使能
        NVIC_Init(&NVIC_InitStructure);                    //根据指定的参数初始化 NVIC 寄存器
        //USART 初始化设置
        USART_InitStructure. USART_BaudRate = bound;                //串口波特率
        USART_InitStructure. USART_WordLength = USART_WordLength_8b; //字长为 8 位数据格式
        USART_InitStructure. USART_StopBits = USART_StopBits_1;      //一个停止位
        USART_InitStructure. USART_Parity = USART_Parity_No;        //无奇偶校验位
        USART_InitStructure. USART_HardwareFlowControl = USART_HardwareFlowControl_None;
                                                            //无硬件数据流控制
        USART_InitStructure. USART_Mode = USART_Mode_Rx | USART_Mode_Tx;  //收发模式

        USART_Init(USART2, &USART_InitStructure);                   //初始化串口 1
        USART_ITConfig(USART2, USART_IT_RXNE, ENABLE);             //开启串口接收中断
            USART_ITConfig(USART2, USART_IT_IDLE, ENABLE);         //使能串口总线空闲中断
                USART_Cmd(USART2, ENABLE);
    }
    void USART2_IRQHandler(void)                                    //串口 1 中断服务程序
    {
        u8 Res;
        if(USART_GetITStatus(USART2, USART_IT_RXNE) ! = RESET)      //接收中断(接收到的数据
必需是以 0x0d 0x0a 结尾)
        {
            Res =USART_ReceiveData(USART2);                        //读取接收到的数据
                //USART_SendData(USART1,Res);
            if ( strHC05_Fram_Record . InfBit . FramLength < ( RX_BUF_MAX_LEN - 1 ) )
                                                            //预留 1 个字节写结束符
            strHC05_Fram_Record . Data_RX_BUF [ strHC05_Fram_Record . InfBit . FramLength ++ ] = Res;
        }
        if ( USART_GetITStatus( USART2, USART_IT_IDLE ) = = SET )   //数据帧接收完毕
        {
```

```
            strHC05_Fram_Record . InfBit . FramFinishFlag = 1;
            Res = USART_ReceiveData( USART2 );
        }
    }
```

4）usart. h 详细代码

```
extern struct   STRUCT_USARTx_Fram                    //串口数据帧的处理结构体
{
    //STRUCT_USARTx_Fram 读取的数据
    char   Data_RX_BUF [ RX_BUF_MAX_LEN ];
    union {
        __IO u16 InfAll;
        struct {
            __IO u16 FramLength      :15;
            __IO u16 FramFinishFlag    :1;
        } InfBit;
    };
}strUSART_Fram_Record,strHC05_Fram_Record;
//如果想串口中断接收,请不要注释以下宏定义
void uart1_init(u32 bound);
void uart2_init(u32 bound);
```

5）hc_05. c 详细代码

```
#include "hc_05. h"
#include "delay. h"
#include "usart. h"
#include "stdbool. h"
#include <string. h>
bool HC05_AT_Test ( void )
{
    char count = 0;
    printf("\r\nAT 测试 ... \r\n");
    Delay_ms ( 2000 );
    while ( count < 10 )
    {
        printf("\r\nAT 测试次数 %d... \r\n", count);
        if( HC05_Set_Cmd ( "AT", "OK", NULL, 500 ) )
        {
            printf("\r\nAT 测试启动成功 %d... \r\n", count);
            return 1;
        }
```

```
            ++ count;
        }
        return 0;
    }
    /**
      *  @brief   HC05 配置测试函数
      *  @param   无
      *  @retval 无
      */
    void HC05_ConfigTest(void)
    {
        printf( "\r\n 正在配置 HC05 . . . \r\n" );
        printf( "\r\n 请按住按钮 . . . \r\n" );
        while( ! HC05_AT_Test( ) );
        printf ( "\r\n 连接成功 . . . \r\n" );
    }


    /*
     *  函数名:hc05_Cmd
     *  描述:对 hc05 模块发送 AT 指令
     *  输入:cmd,待发送的指令
     *  reply1,reply2,期待的响应,为 NULL 表不需响应,两者为或逻辑关系
     *  waittime,等待响应的时间
     *  返回:1,指令发送成功
     *        0,指令发送失败
     *  调用:被外部调用
     */
    bool HC05_Set_Cmd( char * cmd, char * reply1, char * reply2, u32 waittime )
    {
        strHC05_Fram_Record . InfBit . FramLength = 0;              //重新开始接收新的数据包
        hc05_Usart ( "%s\r\n", cmd );
        if (( reply1 == 0 ) && ( reply2 == 0 ))                     //不需要接收数据
            return true;
        Delay_ms ( waittime );                                     //延时
        //增加一个结束符
        strHC05_Fram_Record . Data_RX_BUF [ strHC05_Fram_Record . InfBit . FramLength ]= ' \0';
        //将 USART2 接收到的东西全部打印出来,接收到的保存在这个数组里
        //通过串口 1 发送出来,这样就能看到,发送的指令的响应是否出错
        //例如,发送 AT,响应是 OK,HC05_USART 接收到的数据是 AT OK。再交给 USART1 发送,在 PC
机的串口调试助手可以看到这些信息
        PC_Usart ( "%s", strHC05_Fram_Record . Data_RX_BUF );
```

```
        strHC05_Fram_Record . InfBit . FramLength = 0;                    //清除接收标志

        strHC05_Fram_Record. InfBit. FramFinishFlag = 0;

        if (( reply1 ! = 0 ) && ( reply2 ! = 0 ))

            return (( bool ) strstr ( strHC05_Fram_Record . Data_RX_BUF, reply1 ) | |

                        ( bool ) strstr ( strHC05_Fram_Record . Data_RX_BUF, reply2 ));

        else if ( reply1 ! = 0 )

            return (( bool ) strstr ( strHC05_Fram_Record . Data_RX_BUF, reply1 ));


        else

            return (( bool ) strstr ( strHC05_Fram_Record . Data_RX_BUF, reply2 ));

    }
```

6）hc_05. h 详细代码

```
#ifndef __HC_05_H_

#define __HC_05_H_

#include "stm32f10x. h"

#include "stdbool. h"

#include "sys. h"

/******************************* HC05 函数宏定义 *******************************/

#define      hc05_Usart( fmt, ... )              USART_printf ( USART2, fmt, ##__VA_ARGS__ )

#define      PC_Usart( fmt, ... )                printf ( fmt, ##__VA_ARGS__ )

//#define     macPC_Usart( fmt, ... )

bool HC05_Set_Cmd( char * cmd, char * reply1, char * reply2, u32 waittime );

bool HC05_AT_Test ( void );

void HC05_ConfigTest(void);

#endif
```

7）main. c 详细代码

```
#include "delay. h"

#include "sys. h"

#include "usart. h"

#include "stm32f10x. h"

#include "led. h"

#include "hc_05. h"

int main( )
```

```
{
/***************************************************
    *       Delay_init( );                //本实验使用的是 SysTick 时钟
    *       CPU_TS_TmrInit( );            //已经使能宏,不需要初始化
    *       usart1_init(115200);          //串口初始化为 115200,需要在 usart.h 中使能
    ***************************************************/
    /* 初始化 */
    usart1_init(115200);                  //usart1 初始化,
    usart2_init(9600);                    //usart2 初始化,
    LED_GPIO_Config( );                   //初始化 led 使用的 GPIO 端口
    printf("- - HC_05 初始化完成 - - ");
    HC05_ConfigTest( );                   //看看 HC-05AT 命令是否有效
    while (1)
    {
        if(strHC05_Fram_Record . InfBit . FramFinishFlag)            //如果串口接收到数据,并结束
        {
            //增加一个结束符
            strHC05_Fram_Record . Data_RX_BUF [ strHC05_Fram_Record . InfBit . FramLength ]  = ' \0' ;
            //将 HC05 接收到的东西全部打印出来,接收到的保存在这个数组里,再通过串口 1 发送
出来,这样就能看到,发送的指令的响应是否出错
            printf( "\r\n% s\r\n", strHC05_Fram_Record . Data_RX_BUF );
            if(strstr ( strHC05_Fram_Record . Data_RX_BUF, "LED =1" ))
                                                //如果手机发送的数据存在 LED=1,则 if 成立
            {
                PCout(13) = 1;               //PC 口 13 引脚输出高电平
                        printf("\r\nLED 灭 \r\n");
                Delay_ms(500);               //已经在 delay.h 中初始化
            }
                else     if(strstr ( strHC05_Fram_Record . Data_RX_BUF, "LED =0" ))
            {
                PCout(13) = 0;               //PC 口 13 引脚输出低电平
                        printf("\r\nLED 亮 \r\n");
                        Delay_ms(500);
            }
            strHC05_Fram_Record . InfBit . FramLength = 0;                    //清除接收标志
            strHC05_Fram_Record. InfBit. FramFinishFlag = 0;
        }
    }
}
```

4. 编译及调试

(1) 测试 STM32 芯片向 HC-05 发送 AT 命令,如图 7.2.8 所示。

(2) 通过 HC-05 控制 MCU,如图 7.2.9 所示。

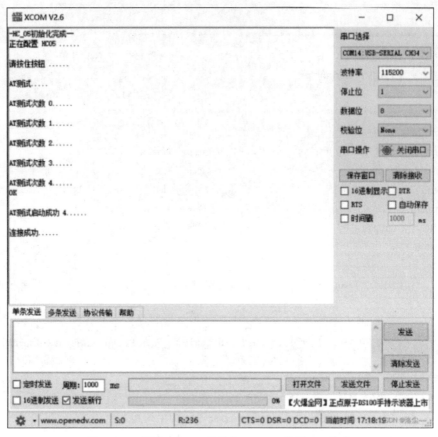

图 7.2.8 测试 STM32 芯片向 HC-05 发送 AT 命令

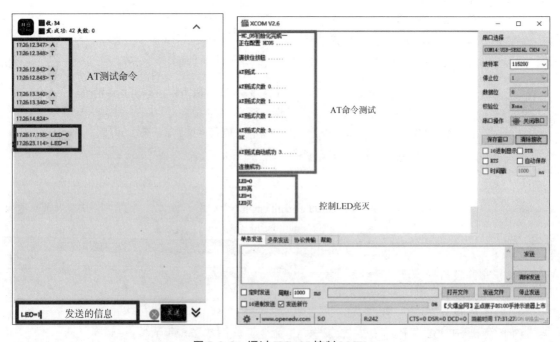

图 7.2.9 通过 HC-05 控制 MCU

蓝牙串口通信

任务小结

本任务介绍了 HC-05 蓝牙模块的引脚以及硬件连接方式，详细讲解了 STM32 芯片与 PC 端以及移动端的蓝牙通信代码。

任务拓展

（1）完成 STM32 芯片与移动端汉字信息的交互实验。

（2）全国职业院校技能大赛嵌入式系统应用开发赛项赛题：A 车完成智能路灯调光——A 车在 D6→F6 路线上行驶，到达 F6 处，获取位于 F7 处智能路灯初始挡位，并将智能路灯挡位调至目标挡位。

项目评价与反思

任务评价如表 7.5 所示，项目总结反思如表 7.6 所示。

表 7.5　任务评价

评价类型	总分	具体指标	得分		
			自评	组评	师评
职业能力	55	通过串口 1、串口 2、串口 3 和串口 4 进行简单的收发数据			
		通过蓝牙串口与 PC 端进行收发通信			
		通过蓝牙串口与移动端进行收发通信			
职业素养	20	按时出勤			
		安全用电			
		编程规范			
		接线正确			
		及时整理工具			
劳动素养	15	按时完成，认真填写记录			
		保持工位整洁有序			
		分工合理			
德育素养	10	具备工匠精神			
		爱党爱国、认真学习			
		协作互助、团结友善			

表 7.6　项目总结反思

目标达成度：	知识：	能力：	素养：
学习收获：		教师评价：	
问题反思：			

项目八

基于 STM32 的显示控制

液晶显示屏（Liquid Crystal Display，LCD）是一种广泛使用的字符型液晶显示模块。其中型号 1602 表示每行显示 16 个字符、一共 2 行。LCD1602 相比于 OLED 最大的好处是不用使用 SPI 或 I2C 等任何通信协议，而是由 Mbed 直接将命令传给 LCD 从而实现控制。

任务 8.1　LCD1602 显示

任务描述与要求

本设计由 STM32F103 系列芯片作为主控芯片控制 LCD1602 显示"I love STM32"。

知识学习

1. 主要参数

LCD1602 主要参数如下：

（1）显示字符：16×2 个字符。

（2）工作电压：4.5~5 V。

（3）工作电流：2.0 mA。

（4）工作温度：-20~70 ℃。

（5）模块最佳工作电压：5.0 V。

（6）单个字符尺寸：2.95 mm×4.35 mm。

（7）引脚：16 脚。

2. 外形尺寸

LCD1602 的外形尺寸如图 8.1.1 所示。

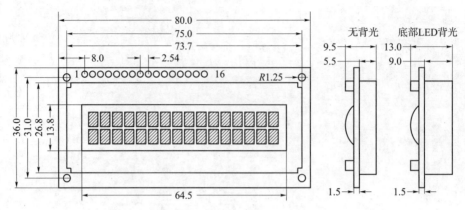

图 8.1.1 LCD1602 的外形尺寸

任务实施

1. 硬件电路设计

LCD1602 显示电路如图 8.1.2 所示。

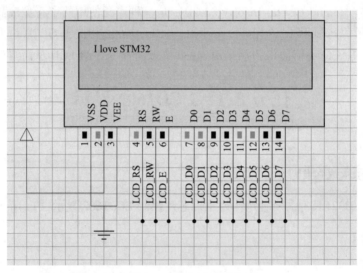

图 8.1.2 LCD1602 显示电路

显示屏 D0~D7 分别与芯片 PC0~PC7 相连。

2. 程序设计

1）main. c

```
uint main(void)
{
    delay_init( );                          //延时函数初始化
    LCD1602_GPIO_Configuration( );
    LCD1602_Init( );
    LCD1602_Show_Str(2, 1, "I love STM32");
```

```
        while(1)
        {
            delay_ms(10);
        }
    }
```

2) lcd1602. c

```
    void LCD_INIT(void)
    {    //初始化
    //   HAL_GPIO_Write(GPIOC,0x00ff);
        //GPIO_WRITE_u8_data(GPIOC,0x00);
        delay_us(500);
        LCD_WRITE_CMD( 0x38 );
        LCD_WRITE_CMD( 0x0c );                              //开启光标和闪烁
        LCD_WRITE_CMD( 0x06 );
        LCD_WRITE_CMD( 0x01 );                              //清屏
    }
        void LCD_WRITE_StrDATA(volatile unsigned char * StrData,volatile unsigned char row,volatile unsigned
    char col )
    {//写入字符串
        unsigned char baseAddr = 0x00;                     //定义 8 位地址
        if (row){
            baseAddr = 0xc0;
        }else{
            baseAddr = 0x80;
        }    //row 为 1 用户选择第二行
            //row 为 0 用户选择第一行
        baseAddr += col;
        while ( * StrData ! = ' ' ){
          LCD_WRITE_CMD( baseAddr );
          LCD_WRITE_ByteDATA( * StrData );
          baseAddr++;                                      //每次循环地址加 1,数据指针加 1
          StrData++;
        }
    }
```

3. 编译及调试

编译程序后，将程序下载至 STM32 芯片中并运行，即可观察到
LCD1602 上显示内容为"I love STM23"。

LCD1602 显示

任务小结

本任务详细讲解 LCD1602 的原理，并对代码进行了详细解读。

🔄 任务拓展

基于 LCD1602 显示的单片机密码锁设计。

任务 8.2　OLED12864 显示

🔄 任务描述与要求

任务描述： 本项目以驱动 OLED12864 液晶显示屏为例，介绍基于 STM32 单片机的液晶显示屏显示、I2C 通信地址与通信过程、字符串的基本应用等知识。通过 Keil MDK-ARM 软件进行设计完成字符串 "hello world" 的输出显示。学习相关知识，拓展任务实施，达到对液晶显示屏进行相应编程控制的目标。

任务要求：

1. 理解 OLED12864 液晶显示屏的工作原理。
2. 掌握 I2C 通信协议的基本原理。
3. 掌握 OLED12864 显示驱动方式。
4. 了解 OLED12864 的应用领域。

🔄 知识学习

一、OLED 屏幕

1. 基本概念

OLED（Organic Light-Emitting Diode）即有机发光管。OLED 显示技术具有自发光、广视角、几乎无穷高的对比度、较低功耗、极高反应速度、可用于绕曲性面板、使用温度范围广、构造及制程简单等优点，被认为是下一代的平面显示屏新兴应用技术。OLED 屏幕实物如图 8.2.1 所示。

OLED 显示和传统的 LCD 显示不同，其可以自发光，所以不需要背光灯，这使 OLED 显示屏相对于 LCD 显示屏更薄，同时显示效果更优。常用的 OLED 屏幕有蓝色、黄色、白色等几种。显示屏的大小为 0.96 in，像素点为 128×64，所以称为 0.96OLED 屏或者 12 864屏。

2. OLED 屏幕特点

（1）模块尺寸：23.7 mm×23.8 mm。

（2）电源电压：3.3~5.5 V。

（3）驱动芯片：SSD1306。

（4）测试平台：提供 k60/k10、9s12XS128、51、STM32、STM8 等单片机。

3. OLED 屏幕原理

STM32 单片机内部建立一个缓存（共 128×8 个字节），每次修改时，只是修改 STM32 单片机上的缓存（实际上就是 SRAM），修改完后一次性把 STM32 单片机上的

图 8.2.1　OLED 屏幕实物

缓存数据写入 OLED 的 GRAM。这个方法也有坏处，对于很小的 SRAM 单片机（51 系列）就比较麻烦。

4. OLED 屏幕常用指令（表 8.1）

表 8.1 OLED 屏幕常用指令

序号	指令	各位描述								命令	说明
	HEX	D7	D6	D5	D4	D3	D2	D1	D0		
0	81	1	0	0	0	0	0	0	1	设置对比度	A 的值越大屏幕越亮，A 的范围为 0X00~0XFF
	A [7:0]	A7	A6	A5	A4	A3	A2	A1	A0		
1	AE/AF	1	0	1	0	1	1	1	X0	设置显示开关	X0＝0，关闭显示；X0＝1，开启显示
2	8D	1	0	0	0	1	1	0	1	电荷泵设置	A2＝0，关闭电荷泵；A2＝1，开启电荷泵
	A [7:0]	*	*	0	1	0	A2	0	0		
3	B0~B7	1	0	1	1	0	X2	X1	X0	设置页地址	X[2:0]＝0~7 对应页 0~7
4	00~0F	0	0	0	0	X3	X2	X1	X0	设置列地址低四位	设置八位起始列地址的低四位
5	10~1F	0	0	0	0	X3	X2	X1	X0	设置列地址高四位	设置八位起始列地址的高四位

（1）第一个命令为 0X81，用于设备对比度，该命令发送后，即可设置对比度的值，对比度的值设置的越大屏幕越亮。

（2）命令 0XAE/0XAF：0XAE 为关闭显示命令，0XAF 为开启显示命令。

（3）0X8D：包含两个字节，第一个为命令字，第二个为设置值，第二个字节的 BIT2 表示电荷泵的开关状态，该位为 1 开启电荷泵，为 0 则关闭电荷泵。模块初始化时，这个必须要开启，否则看不到屏幕显示。

（4）命令 0XB0~B7：用于设置页地址，其低三位的值对应 GRAM 页地址。

（5）命令 0X00~0X0F：用于设置显示时的起始列地址低四位。

（6）命令 0X10~0X1F：用于设置显示时的起始列地址高四位。

二、IIC 协议

1. 基本概念

IIC（Inter-Integrated Circuit）是一种串行通信协议，也称 I2C（Inter-IC），是一种多主机、多从机的协议。I2C 可以实现在很短的距离内由多个芯片组成的系统中的彼此之间的高速串行通信，用于连接芯片和外设，如温度传感器、电子罗盘、LCD 驱动器等。

I2C 通信采用两根线来进行数据传输，分别为串行数据线（Serial Data Line，SDA）和串行时钟线（Serial Clock Line，SCL），其中 SDA 传输数据，SCL 产生时钟信号来控制数据传输的时序。

I2C 通信采用主从模式，一个主控器可以控制多个从设备，而从设备通常只能在主控器的控制下进行数据传输。主控制器负责发送起始信号、控制总线、发送地址和数据等操作，从设备负责接收和处理数据。通信时，主控制器通过设备地址来指定与哪一个从设备进行数据交互。I2C 通信具有传输速度快、线路简单、适用于同轴电缆等优点，常用于短距离的低速数据传输。

2. 通信规则介绍

I2C 通信的基本规则如下：

（1）结束信号：由主机拉低 SDA，在 SCL 高电平时，SDA 由低电平转为高电平，产生起始信号。

（2）起始信号：由主机拉高 SDA，在 SCL 高电平时，SDA 由高电平转为低电平，产生结束信号。

（3）数据传输：数据按位传输，先传输高位，每个数据位的传输由 SCL 决定。在 SCL 高电平时，SDA 上发送的数据将被视为有效数据。

（4）地址帧：每个 I2C 设备都有一个唯一的 7 位地址。在地址帧中，主机发出设备地址，并指出是读操作还是写操作。

（5）读取确认：在发送完每个字节后，接收方必须发送一个确认位，以告知发送方是否已成功接收。

（6）忙确认：如果接收方无法接收字节，则发送无应答信号，表示接收设备忙。

（7）重复起始信号：除了结束信号外，主机还可以在没有停止信号的情况下产生起始信号。

（8）时钟同步：主机产生的时钟信号必须同步于 SCL 的电平变化，因为在 SCL 高电平时传输的状态数据可以被接收，而在 SCL 低电平时传输的指令才可被接收。

任务实施

1. I2C 配置

```
#include "stm32f10x. h"
#include "oled. h"

void I2C_Configuration(void)
{
    GPIO_InitTypeDef    GPIO_InitStructure;
    I2C_InitTypeDef     I2C_InitStructure;
    RCC_APB2PeriphClockCmd( RCC_APB2Periph_GPIOB, ENABLE);
    RCC_APB1PeriphClockCmd( RCC_APB1Periph_I2C1, ENABLE);
    //PB6- - SCL    PB7- - SDL
    GPIO_InitStructure. GPIO_Mode = GPIO_Mode_AF_OD;
    GPIO_InitStructure. GPIO_Pin = GPIO_Pin_6 | GPIO_Pin_7;
    GPIO_InitStructure. GPIO_Speed = GPIO_Speed_50MHz;
    GPIO_Init(GPIOB, &GPIO_InitStructure);
```

```
    I2C_DeInit(I2C1);
    I2C_InitStructure. I2C_Ack = I2C_Ack_Enable;
    I2C_InitStructure. I2C_AcknowledgedAddress = I2C_AcknowledgedAddress_7bit;
    I2C_InitStructure. I2C_ClockSpeed = 400000;
    I2C_InitStructure. I2C_DutyCycle = I2C_DutyCycle_2;
    I2C_InitStructure. I2C_Mode = I2C_Mode_I2C;
    I2C_InitStructure. I2C_OwnAddress1 = 0x30;
    I2C_Init(I2C1, &I2C_InitStructure);
    I2C_Cmd(I2C1, ENABLE);
}

void I2C_WriteByte(uint8_t addr,uint8_t data)
{
    while( I2C_GetFlagStatus(I2C1, I2C_FLAG_BUSY));          //检查 I2C 总线是否繁忙
    I2C_GenerateSTART(I2C1, ENABLE);                         //开启 I2C,发送起始信号
    while(! I2C_CheckEvent(I2C1,  I2C_EVENT_MASTER_MODE_SELECT));   //EV5 主模式
    I2C_Send7bitAddress(I2C1, OLED_ADDRESS ,  I2C_Direction_Transmitter);   //发送 OLED 地址
    while(! I2C_CheckEvent(I2C1, I2C_EVENT_MASTER_TRANSMITTER_MODE_SELECTED));
                                                             //检查 EV6
    I2C_SendData(I2C1, addr);                                //发送寄存器地址
    while(! I2C_CheckEvent(I2C1, I2C_EVENT_MASTER_BYTE_TRANSMITTING));
    I2C_SendData(I2C1, data);                                //发送数据
    while(! I2C_CheckEvent(I2C1, I2C_EVENT_MASTER_BYTE_TRANSMITTING));
    I2C_GenerateSTOP(I2C1, ENABLE);
}
```

2. OLED 屏幕写命令函数/写数据函数

```
void WriteCmd(unsigned char I2C_Command)                    //写命令
{
    I2C_WriteByte(0x00,I2C_Command);
}
void WriteDat(unsigned char I2C_Data)                       //写数据
{
    I2C_WriteByte(0x40,I2C_Data);
}
```

3. OLED 初始化

```
void OLED_Init(void)          //OELD 初始化
{
    delay_ms(100);
    WriteCmd(0xAE);
```

```
        WriteCmd(0x20);
        WriteCmd(0x10);

        WriteCmd(0xb0);
        WriteCmd(0xc8);
        WriteCmd(0x00);
        WriteCmd(0x10);
        WriteCmd(0x40);
        WriteCmd(0x81);
        WriteCmd(0xff);
        WriteCmd(0xa1);
        WriteCmd(0xa6);
        WriteCmd(0xa8);
        WriteCmd(0x3F);
        WriteCmd(0xa4);
        WriteCmd(0xd3);
        WriteCmd(0x00);
        WriteCmd(0xd5);
        WriteCmd(0xf0);
        WriteCmd(0xd9);
        WriteCmd(0x22);
        WriteCmd(0xda);
        WriteCmd(0x12);
        WriteCmd(0xdb);
        WriteCmd(0x20);
        WriteCmd(0x8d);
        WriteCmd(0x14);
        WriteCmd(0xaf);
    }
```

4. 设置起点坐标

```
    void SetPos(unsigned char x,unsigned char y)        //设置起点坐标
    {
        WriteCmd(0xb0+y);
        WriteCmd((x&0xf0)>>4|0x10);                     //取高位
        WriteCmd((x&0x0f)|0x01);                        //取低位
    }
```

5. 全屏填充

```
    void OLED_Fill(unsigned char Fill_Data)             //全屏填充
    {
        unsigned char m,n;
```

```
    for(m=0;m<8;m++){
        WriteCmd(0xb0+m);
        WriteCmd(0x00);
        WriteCmd(0x10);

        for(n=0;n<128;n++){
        WriteDat(Fill_Data);
        }
    }
}
```

6. 清屏

```
void OLE
void OLED_Clean(void)                        //清屏
{
    OLED_Fill(0x00);
}
```

7. 打开/关闭 OLED

```
void OLED_ON(void)                           //打开 OLED
{
    WriteCmd(0X8D);                          //设置电荷泵
    WriteCmd(0X14);                          //开启电荷泵
    WriteCmd(0XAF);                          //OLED 唤醒
}

void OLED_OFF(void)                          //关闭 OLED
{
    WriteCmd(0X8D);                          //设置电荷泵
    WriteCmd(0X10);                          //关闭电荷泵
    WriteCmd(0XAE);                          //关闭 OLED
}
```

8. OLED 显示字符串

```
//显示字符串
void OLED_ShowStr(unsigned char x,unsigned char y,unsigned char ch[ ],unsigned TextSize)
{
    unsigned char c = 0,i = 0,j = 0;
    switch(TextSize)
        {
            case 1:                          //8×16 模式
            {
                while(ch[j] != ' \0' )
```

```
        {
            c = ch[j] - 32;
            if(x>126)
            {
                x= 0;
                    y++;
            }
            OLED_SetPos(x,y);
            for(i=0;i<6;i++)
WriteDat( F6x8[c][i] );
            x+=6 ;
            j++;
        }
        }break;
    case 2:                              //16×16 模式
        {
        while(ch[j] ! =' \0' )
        {
                c= ch[j] - 32;
            if(x >120)
            {
                x = 0;
                y++ ;
            }
            OLED_SetPos(x,y);
            for(i = 0;i<8;i++)
            WriteDat( F8X16[c* 16+i] );
            OLED_SetPos(x,y+1);
            for(i = 0;i<8;i++)
            WriteDat( F8X16[c* 16+i+8] );
            x+=8;
            j++;
            }
        }break;
    }
}
```

9. 主函数

```
#include "stm32f10x. h"
#include "main. h"
#include "oled. h"
#include "sys. h"
```

```
#include "delay. h"

int main(void)
{
  initSysTick( );
  IIC_Configuration( );
    OLED_Init( );
  delay_ms(1000);

  OLED_Fill(0XFF);                    //全屏亮
  delay_ms(1000);
  OLED_Fill(0X00);                    //全屏灭
  delay_ms(1000);

  OLED_ShowStr( 0,1,"hello world", 1);
  OLED_ShowStr( 0,2,"hello world", 2);

while(1)
    {
    }
}
```

任务小结

通过对 I2C 与 OLDE 进行对应配置即可完成目标字符串的输出显示，OLDE 屏幕最终显示字符串"hello world"，如图 8.2.2 所示。

OLED12864 显示

图 8.2.2　OLED 屏幕显示结果

注意：写命令函数、写数据函数、全屏填充函数、示字符串函数等都需要添加到 oled. c 文件里。I2C 通信需要主控制器和从设备之间遵守一定的规则和时序，以确保数据传输的正确性和稳定性。

任务拓展

通过对 OLED 屏幕显示原理与 I2C 协议的进一步学习，实现 OLED 屏幕的汉字显示。

项目评价与反思

任务评价如表 8.2 所示，项目总结反思如表 8.3 所示。

表 8.2　任务评价

评价类型	总分	具体指标	得分		
			自评	组评	师评
职业能力	55	控制 LCD1602 显示"I love STM32"			
		控制 OLED12864 显示"hello world"			
职业素养	20	按时出勤			
		安全用电			
		编程规范			
		接线正确			
		及时整理工具			
劳动素养	15	按时完成，认真填写记录			
		保持工位整洁有序			
		分工合理			
德育素养	10	具备工匠精神			
		爱党爱国、认真学习			
		协作互助、团结友善			

表 8.3　项目总结反思

目标达成度：	知识：	能力：	素养：
学习收获：		教师评价：	
问题反思：			

基于 STM32 的 PWM 应用

单片机开发中，电机的控制与定时器有着密不可分的关系，无论是直流电机、步进电机还是舵机，都会用到定时器，如最常用的有刷直流电机，会使用定时器产生 PWM 方波来调节转速，通过定时器的正交编码器接口来测量转速等。

本项目将先介绍 PWM 方波的基础知识以及编程实现与代码分析，然后对照这些知识引出方波的频率检测与 PWM 的实际应用——L298N 电机调速控制。

任务 9.1   PWM 输出方波

任务描述与要求

任务描述：本项目以 PWM 方波发生器的设计与制作为例，主要介绍中断定时器、PWM 方波等知识。通过 Keil MDK-ARM 软件进行设计实现 PWM 方波的生成。

将 STM32 的 PB5（TIM3 的 CH2）配置为 PWM 模式 2，输出一个频率为 120 Hz 的方波，默认的占空比为 50%，可以通过按下按键 KEY1 对占空比进行递增调节，每次递增方波周期的 1/12，当占空比递增到 100% 时，PB5 输出高电平；通过按下按键 KEY3 对占空比进行递减调节，每次递减方波周期的 1/12，当占空比递减到 0 时，PB5 输出低电平。学习相关知识，拓展任务实施，达到对 PWM 方波发生器进行相应编程控制的目标。

任务要求：

1. 理解中断定时器的工作原理。

2. 能描述 PWM 方波的基本组成与应用。

3. 实现 PWM 方波发生器程序的编写与调试。

4. 了解 PWM 方波的应用领域。

一、PWM 的输出

1. 输出一个占空比为 1/2 的方波

假设 TIM3_CCR2 为 300，TIM3_CNT 是从 0 计数到 599，当 TIM3_CNT 从 0 计数到 299 时，比较输出引脚为高电平；当 TIM3_CNT 从 300 计数到 599 时，比较输出引脚为低电平，周而复始，就可以输出一个占空比为 1/2 的方波，如图 9.1.1 所示。

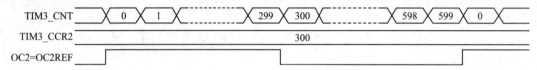

图 9.1.1　输出一个占空比为 1/2 的方波

2. 输出一个占空比为 1/6 的方波

假设 TIM3_CCR2 为 100，TIM3_CNT 是从 0 计数到 599，当 TIM3_CNT 从 0 计数到 99 时，比较输出引脚为高电平；当 TIM3_CNT 从 100 计数到 599 时；比较输出引脚为低电平，周而复始，就可以输出一个占空比为 1/6 的方波，如图 9.1.2 所示。

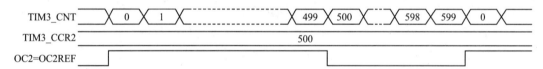

图 9.1.2　输出一个占空比为 1/6 的方波

3. 输出一个占空比为 5/6 的方波

假设 TIM3_CCR2 为 500，TIM3_CNT 是从 0 计数到 599，当 TIM3_CNT 从 0 计数到 499 时，比较输出引脚为高电平；当 TIM3_CNT 从 500 计数到 599 时，比较输出引脚为低电平，周而复始，就可以输出一个占空比为 5/6 的方波，如图 9.1.3 所示。

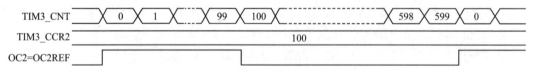

图 9.1.3　输出一个占空比为 5/6 的方波

因此不难发现，通过调整相应参数的设定，就可以得到不同占空比的方波输出结果。图 9.1.4 所示为 PWM 输出实验的流程图。

二、定时器

1. 基本概念

在控制电子领域中，时常需要定时控制、延时控制或者对某件事进行计数，如洗衣机的定时洗衣，载入通过对外部的脉冲进行计数来测量速度。STM32 有三种定时器，总共有 14

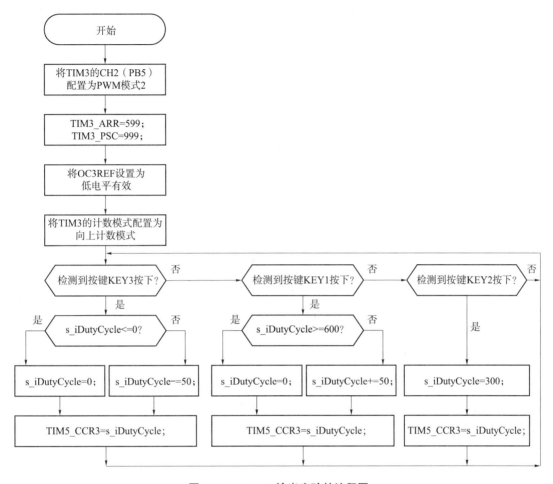

图 9.1.4 PWM 输出实验的流程图

个定时器：

（1）高级定时器 TIM1、TIM8。

（2）通用定时器 TIM2、TIM3、TIM4、TIM5，TIM9~TIM14，其中 TIM2、TIM5 是 32 位定时器计数，其范围更大、精度更高，TIM3、TIM4 功能上与 TIM2、TIM5 一样都可以产生 DMA 请求。TIM9~TIM14 相对上面两类通用定时器功能上要少一些。

（3）基本定时器 TIM6、TIM7，没有捕获通道，所以相对以上两种定时器就比较基础一些。

2. 通用定时器部分寄存器

本实验涉及的通用定时器寄存器除了包括定时器基本使用的控制寄存器 1（TIMx_CR1）、控制寄存器 2（TIMx_CR2）、DMA/中断使能寄存器（TIMx_DIER）、状态寄存器（TIMx_SR）、事件产生寄存器（TIMx_EGR）、计数器寄存器（TIMx_CNT）、预分频寄存器（TIMx_PSC）和自动重装载寄存器（TIMx_ARR），还包括捕获/比较模式寄存器 1（TIMx_CCMR1）、捕获/比较使能寄存器（TIMx_CCER）和捕获/比较寄存器 2（TIMx_CCR2）。通用定时器部分寄存器如表 9.1 所示。

表 9.1　通用定时器部分寄存器

寄存器	描　述	寄存器	描　述
CR1	控制寄存器 1	CNT	计数器寄存器
CR2	控制寄存器 2	PSC	预分频寄存器
SMCR	从模式控制寄存器	ARR	自动重装载寄存器
DIER	DMA/中断使能寄存器	CCR1	捕获/比较寄存器 1
SR	状态寄存器	CCR2	捕获/比较寄存器 2
EGR	事件产生寄存器	CCR3	捕获/比较寄存器 3
CCMR1	捕获/比较模式寄存器 1	CCR4	捕获/比较寄存器 4
CCMR2	捕获/比较模式寄存器 2	DCR	DMA 控制寄存器
CCER	捕获/比较使能寄存器	DMAR	连续模式的 DMA 地址寄存器

3. 通用定时器部分固件库函数

本实验涉及的通用定时器固件库函数包括 TIM _ OC2Init、TIM _ ITConfig、TIM _ TimeBaseInit、TIM_ClearITPendingBit、TIM_GetITStatus、TIM_Cmd、TIM_SelectOutputTrigger、TIM_SetCompare2，以及 TIM_OC2PreloadConfig。TIM 库函数如表 9.2 所示。

TIM_OC2Init 函数：可以配置定时器通道 2 的输出模式。

TIM_OC2PreloadConfig 函数：其功能是使能或除能 TIMx 在 CCR2 上的预装载寄存器。

TIM_SetCompare2 函数：其功能是设置 TIMx 捕获/比较寄存器 2 值。

表 9.2　TIM 库函数

函数名	描　述
TIM_DeInit	将外设 TIMx 寄存器重设为缺省值
TIM_TimeBaseInit	根据 TIM_TimeBaslnitStruct 中指定的参数初始化 TIMx 的时间基数单位
TIM_OClnit	根据 TIM_OClnitStruct 中指定的参数初始化外设 TIMx
TIM_ICInit	根据 TIM_ICInitStruct 中指定的参数初始化外设 TIMx
TIM_TimeBaseStruetlnit	把 TIM_TimeBaslnitStruct 中的每一个参数按缺省值填入
TIM_OCStructInit	把 TIM_OCInitStruct 中的每一个参数按缺省值填入
TIM_ICStructInit	把 TIM_IClnitStruct 中的每一个参数按缺省值填入
TIM_Cmd	使能或失能 TIMx 外设
TIM_ITConfig	使能或失能指定的 TIM 中断
TiM_DMAConfig	设置 TIMx 的 DMA 接口
TIM_DMACmd	使能或失能指定的 TIMx 的 DMA 请求
TIM_InternalClockConfig	设置 TIMx 内部时钟
TIM_ITRxExternalClockConfig	设置 TIMx 内部触发为外部时钟模式
TIM_TlxExtenalClockConfig	设置 TIMx 触发为外部时钟
TIM_ETRClockMode1Config	配置 TIMx 外部时钟模式 1

函数名	描　述
TIM_ETRClockMode2Config	配置 TIMx 外部时钟模式 2
TIM_ETRConfig	配置 TIMx 外部触发
TIM_SelectInputTrigger	选择 TIMx 输入触发源
TIM_PrescalerConfig	设置 TIMx 预分额
TIM_CounterModeConfig	设置 TIMx 计数器模式
TIM_ForcedOC1Config	设置 TIMx 输出 1 为活动或非活动电平
TIM_ForcedOC2Config	设置 TIMx 输出 2 为活动或非活动电平
TIM_ForcedOC3Config	设置 TIMx 输出 3 为活动或非活动电平
TIM_ForcedOC4Config	设置 TIMx 输出 4 为活动或非活动电平
TIM_ARRPreloadConfig	使能或者失能 TIMx 在 ARR 上的预装载寄存器
TiM_SelectCCDMA	选择 TIMx 外设的捕获比较 DMA 源
TIM_OC1PreloadConfig	使能或失能 TIMx 在 CCR1 上的预装载寄存器
TIM_OC2PreloadConfig	使能或失能 TIMx 在 CCR2 上的预装载寄存器
TIM_OC3PreloadConfig	使能或失能 TIMx 在 CCR3 上的预装载寄存器
TIM_OC4PreloadConfig	使能或失能 TIMx 在 CCR4 上的预装载寄存器
TIM_OC1FastConfig	设置 TIMx 捕获比较 1 快速特征

任务实施

1. 配置 TIM3

```
static void ConfigTimer3ForPWMPB5(u16 arr, u16 psc)
{
    GPIO_InitTypeDef GPIO_InitStructure;              //GPIO_InitStructure 用于存放 GPIO 的参数
    TIM_TimeBaseInitTypeDef   TIM_TimeBaseStructure;
                                                      //TIM_TimeBaseStructure 用于存放定时器的基本参数
    TIM_OCInitTypeDef   TIM_OCInitStructure;          //TIM_OCInitStructure 用于存放定时器的通道参数

    //使能 RCC 相关时钟
    RCC_APB1PeriphClockCmd(RCC_APB1Periph_TIM3, ENABLE);         //使能 TIM3 的时钟
    RCC_APB2PeriphClockCmd(RCC_APB2Periph_GPIOB, ENABLE);        //使能 GPIOB 的时钟
    RCC_APB2PeriphClockCmd(RCC_APB2Periph_AFIO, ENABLE);         //使能 AFIO 的时钟
        //注意,GPIO_PinRemapConfig 必须放在 RCC_APBXPeriphClockCmd 后
    GPIO_PinRemapConfig(GPIO_PartialRemap_TIM3, ENABLE);    //TIM3 部分重映射 TIM3. CH2->PB5
    //配置 PB5,对应 TIM3 的 CH2
    GPIO_InitStructure. GPIO_Pin = GPIO_Pin_5;                   //设置引脚
    GPIO_InitStructure. GPIO_Mode = GPIO_Mode_AF_PP;             //设置模式
    GPIO_InitStructure. GPIO_Speed = GPIO_Speed_50 MHz;         //设置 I/O 输出速度
    GPIO_Init(GPIOB, &GPIO_InitStructure);                       //根据参数初始化 GPIO
```

```
    //配置 TIM3
    TIM_TimeBaseStructure.TIM_Period = arr;                        //设置自动重装载值
    TIM_TimeBaseStructure.TIM_Prescaler = psc;                     //设置预分频器值
    TIM_TimeBaseStructure.TIM_ClockDivision = 0;                   //设置时钟分割:tDTS = tCK_INT
    TIM_TimeBaseStructure.TIM_CounterMode = TIM_CounterMode_Up;    //设置向上计数模式
    TIM_TimeBaseInit(TIM3, &TIM_TimeBaseStructure);                //根据参数初始化 TIM3
        //配置 TIM3 的 CH2 为 PWM2 模式,TIM_CounterMode_Up 模式下,当 TIMx_CNT < TIMx_CCRx
时为无效电平(高电平)
    TIM_OCInitStructure.TIM_OCMode = TIM_OCMode_PWM2;              //设置为 PWM2 模式
    TIM_OCInitStructure.TIM_OutputState = TIM_OutputState_Enable;  //使能比较输出
    TIM_OCInitStructure.TIM_OCPolarity = TIM_OCPolarity_Low;       //设置极性,OC2 低电平有效
    TIM_OC2Init(TIM3, &TIM_OCInitStructure);                       //根据参数初始化 TIM3 的 CH2
    TIM_OC2PreloadConfig(TIM3, TIM_OCPreload_Enable);              //使能 TIM3CH2 预装载
    TIM_Cmd(TIM3, ENABLE);                                         //使能 TIM3
}
```

2. 初始化 PWM 模块

```
void   InitPWM(void)
{
ConfigTimer3ForPWMPB5(599, 999);        //配置 TIM3,72000000/(999+1)/(599+1)=120 Hz
TIM_SetCompare2(TIM3, 0);               //设置初始值为 0
}
```

3. 设置占空比

```
void SetPWM(i16 val)
{
  s_iDutyCycle = val;                   //获取占空比的值

  TIM_SetCompare2(TIM3, s_iDutyCycle);  //设置占空比
}
```

4. 递增占空比

每次递增方波周期的 1/12,直至高电平输出。

```
void IncPWMDutyCycle(void)
{
  if(s_iDutyCycle >= 600)               //如果占空比不小于600
  {
    s_iDutyCycle = 600;                 //保持占空比值为600
  }
  else
  {
    s_iDutyCycle += 50;                 //占空比递增方波周期的 1/12
```

```
    }

    TIM_SetCompare2(TIM3, s_iDutyCycle);          //设置占空比
}
```

5. 递减占空比

每次递减方波周期的 1/12，直至低电平输出。

```
void DecPWMDutyCycle(void)
{
    if(s_iDutyCycle <= 0)                         //如果占空比不大于 0
    {
        s_iDutyCycle = 0;                         //保持占空比值为 0
    }
    else
    {
        s_iDutyCycle - = 50;                      //占空比递减方波周期的 1/12
    }

    TIM_SetCompare2(TIM3, s_iDutyCycle);          //设置占空比
}
```

6. 主函数

```
int main(void)
{
    InitSoftware( );                             //初始化软件相关函数
    InitHardware( );                             //初始化硬件相关函数

    printf("Init System has been finished. \r\n" );   //打印系统状态

    SetPWM(300);

    while(1)
    {
        Proc2msTask( );                          //2 ms 处理任务
        Proc1SecTask( );                         //1 s 处理任务
    }
}
```

任务小结

通过对 PWM 输出方波参数及定时器配置即可输出一个频率为 120 Hz 的 PWM 方波，进一步的参数调节可以改变目标方波。

PWM 方波

🔄 任务拓展

呼吸灯是指灯光在被动控制下完成亮、暗之间的逐渐变化，类似于人的呼吸。利用 PWM 的输出高低电平持续时长变化，设计一个程序，实现呼吸灯功能。为了充分利用 STM32 核心板，可以通过固件库函数将 PC5 配置为浮空状态，然后通过杜邦线将 PC5 连接到 PB5。在主函数中通过持续改变输出波形的占空比实现呼吸灯功能。要求占空比变化能在最小值和某个合适值的范围之内循环往复，以达到 LED2 由亮到暗、由暗到亮渐变效果。

任务 9.2　检测方波频率

🔄 任务描述与要求

任务描述：本项目以输入捕获测量 PWM 方波的频率为例，介绍基于 STM32 的方波频率检测方法。通过 Keil MDK-ARM 软件进行设计，学习相关知识，拓展任务实施，达到对方波频率进行相应编程检测的目标。

任务要求：

1. 理解输入捕获的工作原理。
2. 掌握频率的测量方法。
3. 掌握输入捕获测量 PWM 方波的频率的编程及调试。
4. 了解频率测量的应用领域。

🔄 知识学习

一、输入捕获

1. 基本概念

输入捕获，即 Input Capture，IC。输入捕获模式下，当通道输入引脚出现指定电平跳变（可以定义为上升沿、下降沿）时，当前 CNT 的值将被锁存到 CCR 中（这就是"捕获"的含义），可用于测量 PWM 方波的频率、占空比、脉冲间隔、电平持续时间等参数。在这里，"脉冲间隔、电平持续时间"和"频率、占空比"是互相对应的关系。每个高级定时器和通用定时器都拥有 4 个输入捕获通道，且二者没有区别。

输入捕获模块可以配置为 PWMI（PWM 输入）模式和主从触发模式，如图 9.2.1 所示。PWMI 模式是专门用来同时测量 PWM 方波的频率和占空比的。主从触发模式可以实现对频率或占空比的硬件的全自动测量，不占用软件资源，可以极大地减轻 CPU 的压力。

在定时器中，输入捕获和输出比较共用一个引脚和一个 CCR，故在使用时，对同一个 TIM 定时器而言，输入捕获和输出比较功能只能使用一个，不能同时使用。

2. 输入捕获通道的工作原理

接下来分析输入捕获通道的工作原理。输入信号首先进入输入滤波器和边沿检测器。这

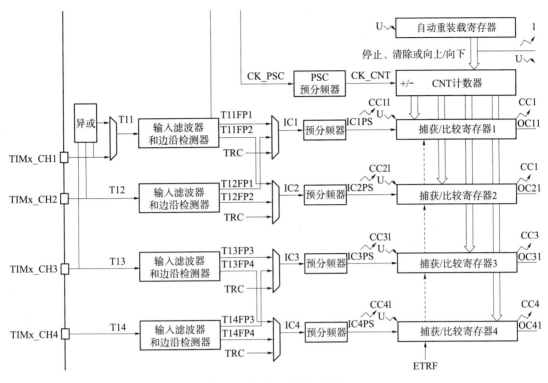

图 9.2.1　输入捕获示意图

个滤波器和定时器的外部时钟模式 2 的输入滤波原理类似，它可以避免一些高频的毛刺信号造成误触发。边沿检测部分和外部中断类似，可以选择高电平触发或者低电平触发。当触发指定的电平时，边沿检测电路就会触发后续的电路执行动作。捕获比较通道如图 9.2.2 所示。

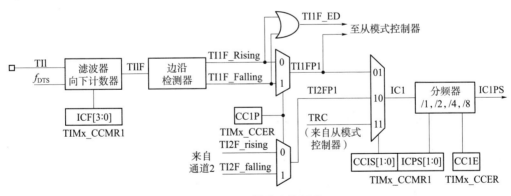

图 9.2.2　捕获比较通道

CH3、CH4 的输入滤波和边沿检测电路的结构与 CH1、CH2 类似。图 9.2.2 用一个方框代表了输入滤波和边沿检测，但实际上这里有两套相同的电路结构。CH1 通道的一个输入滤波和边沿检测接到 TI1FP1（Timer Input 1 Filter Polarity 1，可连接到 IC1），另一个输入滤波和边沿检测接到 TI1FP2（Timer Input 1 Filter Polarity 2，可连接到 IC2）；同样，CH2 通道的一个输入滤波和边沿检测接到 TI2FP1（可连接到 IC1），另一个输入滤波和边沿检测接到

TI1FP2（可连接到 IC2）。这样"交叉连接"的目的主要有以下两点：

（1）可以灵活切换后续捕获电路的输入：同一个捕获电路可以选择捕获 CH1 的输入信号，也可以选择捕获 CH2 的输入信号。

（2）可以把一个引脚的输入同时映射到两个捕获单元：PWMI 模式的经典结构。

此外，TRC 信号也可以作为捕获信号的输入。这个设计同样是为无刷电机的驱动设计的。了解即可，这里暂时不涉及。

信号进入捕获单元后，经过一个预分频器可以控制 CCR 对 CNT 进行捕获操作。捕获信号同时会触发一个事件，这个事件会在状态寄存器置标志位，同时也可以触发中断。

二、频率的测量方法

对于测量频率而言，STM32 只能测量数字信号（高电平 3.3 V，低电平 0 V）。如果要测量模拟信号（如一个正弦波）的频率，还需要在测量之前使信号通过一个信号预处理电路。可以使用集成运算放大器搭接一个比较器，也可以使信号通过一个施密特触发器，将模拟信号转换为数字信号（保证二者频率相同），之后再输入 STM32 测量信号频率。如果需要测量的信号电压较高，则还需要考虑隔离的问题，使用隔离放大器、电压互感器等元件，隔离高压端和低压端，保证电路的安全。

1. 测频法

测频法的测试方法是在闸门时间 T 内，对上升沿（也可以是下降沿）计次，得到 N，则测量频率为

$$f_x = \frac{N}{T}$$

例如，可以定义闸门时间 $T = 1$ s，则在 1 s 中得到的上升沿的个数（完整的一个周期的信号个数）就是频率。

2. 测周法

测周法的测试方法是两个上升沿内，以标准频率计次，得到 N，则测量频率为

$$f_x = \frac{f_c}{N}$$

测周法的基本思想是周期的倒数就是频率。如果能用定时器测量出一个周期的时间（相邻上升沿或相邻下降沿的间隔时间），取倒数即得到测量频率。输入捕获模块采用测周法进行测量。

3. 误差分析

测频法适用于测量高频信号，测周法适用于测量低频信号。

对于测频法，当被测频率过低，会导致 N 很小，此时的误差非常大；对于测周法，当被测频率过高，在测量频率的一个周期内只能得到一个很小的 N，此时的误差也非常大。

由于测量原理的差异，一般而言，测频法的结果更新频率会比较慢，但是数值较为稳定；测周法的结果更新频率较快，数据跳变也比较灵敏。从原理上看，测频法自带一个均值滤波的功能，如果在闸门时间 T 内被测频率有变化，测频法得到的实际是这一段闸

门时间内的平均频率；而测周法只测量一个周期，故其结果会受噪声的影响，波动会比较大。所以，对于测频法和测周法的一个共同点是 N 越大，误差就越小。在两种方法中，计次都可能会产生 ±1 误差。在测频法的一个闸门时间内，并不是每一个被测信号的周期都是完整的；测周法的标准计数信号的信号也不一定是被测信号的整数倍，所以它也不一定是每一个都完整的。对于上述的两种情况，都会出现多计一个数或者少计一个数的情况，所以会产生 ±1 误差。

如何在不同情况下正确选择测频法和测周法呢？用以下一个参数来考量：中界频率，测频法和测周法误差相等的频率点。由于两种方法的误差都与 N 的 ±1 误差有关，所以当两种方法计次的 N 相同时，两种方法的误差也就相同。消去两种方法公式中的 N，可得

$$f_m = f_z = \sqrt{\frac{f_c}{T}}$$

任务实施

1. PWM 输出

```
#include "stm32f10x. h"
void PWM_Init(void)
{
    RCC_APB1PeriphClockCmd(RCC_APB1Periph_TIM2, ENABLE);
    RCC_APB2PeriphClockCmd(RCC_APB2Periph_GPIOA, ENABLE);

    TIM_InternalClockConfig(TIM2);

    //时基单元初始化
    TIM_TimeBaseInitTypeDef TIM_TimeBaseInitStructure;
    TIM_TimeBaseInitStructure. TIM_ClockDivision = TIM_CKD_DIV1;
    TIM_TimeBaseInitStructure. TIM_CounterMode = TIM_CounterMode_Up;
    TIM_TimeBaseInitStructure. TIM_Period = 100 - 1;        //ARR,确定后即确定了分辨率,这里分
                                                             辨率为 1%
    TIM_TimeBaseInitStructure. TIM_Prescaler = 720 - 1;     //PSC(调节 ARR 和 PSC 都可以改变频
                                                             率,而 ARR 同时影响占空比,故这里通
                                                             过调节 PSC 来调节 PWM 方波的频率)

    TIM_TimeBaseInitStructure. TIM_RepetitionCounter = 0;
    TIM_TimeBaseInit(TIM2, &TIM_TimeBaseInitStructure);

    //GPIO 初始化,输出端口为 PA0
    GPIO_InitTypeDef GPIO_InitStructure;
    GPIO_InitStructure. GPIO_Mode = GPIO_Mode_AF_PP;        //复用推挽输出模式
    GPIO_InitStructure. GPIO_Pin = GPIO_Pin_0;
    GPIO_InitStructure. GPIO_Speed = GPIO_Speed_50 MHz;
```

```
        GPIO_Init(GPIOA, &GPIO_InitStructure);

        //OC 初始化
        TIM_OCInitTypeDef TIM_OCInitStruct;
        TIM_OCStructInit(&TIM_OCInitStruct);                    //结构体成员赋初始值
        TIM_OCInitStruct. TIM_OCMode = TIM_OCMode_PWM1;
        TIM_OCInitStruct. TIM_OCPolarity = TIM_OCPolarity_High;   //OC 输出极性(有效电平为高电平)
        TIM_OCInitStruct. TIM_OutputState = TIM_OutputState_Enable;          //OC 输出使能
        TIM_OCInitStruct. TIM_Pulse = 0;                        //CCR
        TIM_OC1Init(TIM2, &TIM_OCInitStruct);

        TIM_Cmd(TIM2, ENABLE);
}


/**
  * @brief   更改比较/捕获寄存器的值 CCR( 当 ARR + 1 == 100 时,CCR 即占空比)
  * @param   Compare 无符号 16 位整型数。注意:它只能是正数
  * @retval 无
  */
void PWM_SetCompare1(uint16_t Compare)
{
        TIM_SetCompare1(TIM2, Compare);
}


/**
  * @brief   更改与分频器的值
  * @param   Prescaler 写入的新预分频器的值
  * @retval 无
  */
void PWM_SetPrescaler(uint16_t Prescaler)
{
        TIM_PrescalerConfig(TIM2, Prescaler, TIM_PSCReloadMode_Immediate); //单独设置 PSC( 立刻生效)
}
```

2. 输入捕获函数

```
#include "stm32f10x. h"
void IC_Init(void)
{
        //1. 开启时钟
        RCC_APB1PeriphClockCmd(RCC_APB1Periph_TIM3, ENABLE);     //使用 TIM2 输出 PWM 方波,
                                                                  TIM3 进行输入捕获
```

```
    RCC_APB2PeriphClockCmd(RCC_APB2Periph_GPIOA, ENABLE);

    //2. GPIO 初始化
    GPIO_InitTypeDef GPIO_InitStructure;
    GPIO_InitStructure. GPIO_Mode = GPIO_Mode_IPU;          //上拉输入模式
    GPIO_InitStructure. GPIO_Pin = GPIO_Pin_6;
    GPIO_InitStructure. GPIO_Speed = GPIO_Speed_50MHz;
    GPIO_Init(GPIOA, &GPIO_InitStructure);

    //3. 配置时基单元
    TIM_InternalClockConfig(TIM3);                          //选择内部时钟
    TIM_TimeBaseInitTypeDef TIM_TimeBaseInitStructure;
    TIM_TimeBaseInitStructure. TIM_ClockDivision = TIM_CKD_DIV1;
    TIM_TimeBaseInitStructure. TIM_CounterMode = TIM_CounterMode_Up;
    TIM_TimeBaseInitStructure. TIM_Period = 65536 - 1;      //ARR,该值应该设置得尽量大,防止计
                                                            数溢出
    TIM_TimeBaseInitStructure. TIM_Prescaler = 72 - 1;      //PSC,它的值决定了测周法的标准频率
                                                            fc,它的值要根据测量信号的频率范围
                                                            来调整,这里 fc 为 1 MHz
    TIM_TimeBaseInitStructure. TIM_RepetitionCounter = 0;
    TIM_TimeBaseInit(TIM3, &TIM_TimeBaseInitStructure);

    //4. 配置输入捕获单元
    TIM_ICInitTypeDef TIM_ICInitStruct;
    TIM_ICInitStruct. TIM_Channel = TIM_Channel_1;          //IC 通道
    TIM_ICInitStruct. TIM_ICFilter = 0xF;                   //滤波属性(滤波检测频率应远高于被测频率)
    TIM_ICInitStruct. TIM_ICPolarity = TIM_ICPolarity_Rising; //边沿检测
    TIM_ICInitStruct. TIM_ICPrescaler = TIM_ICPSC_DIV1;     //触发信号分频器
    TIM_ICInitStruct. TIM_ICSelection = TIM_ICSelection_DirectTI;
                                                            //配置数据选择器(这里选择直连通道)
    TIM_ICInit(TIM3, &TIM_ICInitStruct);

    //5. 选择从模式的触发源
    TIM_SelectInputTrigger(TIM3, TIM_TS_TI1FP1);

    //6. 选择从模式触发后执行的操作
    TIM_SelectSlaveMode(TIM3, TIM_SlaveMode_Reset);

    //7. 开启定时器
    TIM_Cmd(TIM3, ENABLE);
}
```

```
/**
  * @brief  获取测得的频率
  * @param 无
  * @retval 测得的频率
  */
uint32_t IC_GetFreq(void)
{
    //测周法标准频率为 1 MHz
    return 1000000 / TIM_GetCapture1(TIM3);
    //return 1000000 / (TIM_GetCapture1(TIM3) + 1);
}
```

3. 主函数

```
#include "stm32f10x. h"
#include "Delay. h"
#include "OLED. h"
#include "PWM. h"
#include "InputCapture. h"

int main( )
{
    OLED_Init( );
    IC_Init( );
    PWM_Init( );
    PWM_SetPrescaler(720 - 1);      //Freq = 72M / (PSC + 1) / (ARR + 1),这里 ARR + 1 == 100
    PWM_SetCompare1(50);            //Duty = CCR / (ARR + 1)
    OLED_ShowString(1, 1, "Freq:00000Hz");
    while(1)
    {
        OLED_ShowNum(1, 6, IC_GetFreq( ), 5);
    }
}
```

任务小结

通过对输入捕获即可测量 PWM 方波的频率。注意：在实际测量时，除 ±1 误差带来的系统误差外，晶振也会带来一些误差。在计次几百几万次之后，误差积累起来也会造成一定影响。目前使用的方法是"自我检测"，可以消除晶振误差，如果需要测量外部信号，则数值可能会出现抖动。

检测方波频率

任务拓展

在一切条件不变的情况下，检测 PWM 方波频率的同时实现对其占空比的检测。

任务 9.3 L298N 电机调速控制

任务描述与要求

任务描述：本项目以驱动 L298N 电机转动为例，介绍基于 STM32 的 L298N 电机驱动、PWM 调速等知识。通过 Keil MDK-ARM 软件进行 L298N 模块电机的转速和方向控制，实现 PWM 调速。学习相关知识，拓展任务实施，达到对 L298N 电机调速控制的目标。

任务要求：

1. 理解 L298N 电机原理。

2. 掌握 L298N 电机驱动方式。

3. 掌握 PWM 调速的编程实现。

4. 了解 L298N 电机的应用领域。

知识学习

一、L298N 电机

1. 基本概念

L298N 直流电机驱动模块是一款常用的电机驱动模块，可用于控制直流电机以及步进电机。它采用了 L298N 集成电路，具有高功率、高性能和高效率等特性，使其成为电子制作中常用的一种驱动器。

图 9.3.1 L298N 直流电机驱动模块

L298N 直流电机驱动模块主要由 L298N 集成电路、散热片、连接器和终端组成，如图 9.3.1 所示。L298N 集成电路是一个双桥驱动器，包含 4 个晶体管，能够提供较大的电流输出。

2. 工作原理

L298N 直流电机驱动模块主要是将控制信号输入 L298N 集成电路中，通过晶体管控制电机的正反转。其中，L298N 集成电路的输入端包括 1 个使能引脚和 4 个控制引脚，由外部微处理器控制。

这个模块通过使能开关可使电机在正转和反转间切换。通过控制电平变量或 PWM（脉冲宽度调制）信号也能控制电机的速度。L298N 为双桥电机驱动器，它将电机划分为两段，每段提供电压，可控制电机的正/反转。

3. 使用方法

（1）连接电源：L298N 驱动模块的电源电压为 12~35 V，使用时可能需要电源滤波。

（2）连接电机：将两个电机通过驱动器连接到 L298N 的输出引脚上。控制电平通过 L298N 直接输入电机。

（3）控制 L298N：使用控制端口（使能、控制引脚）控制 L298N。在赋值时，设置使能和控制引脚状态表示 L298N 输出的电平状态，改变该状态可以控制电机的正/反转以及速度。

二、PWM 调速

直流电机驱动是最简单的，给电机通上电就能转动，根据电机的公式：

$$E = C_e \phi n$$

$$U = E + R_a I$$

$$n = \frac{U}{C_e \phi} - \frac{R_a}{C_e C_t \phi^2} T_{cm}$$

可知，当提高电压时，反电势升高，进而转速升高。电压与转速的关系如图 9.3.2 所示。

所以只要控制给电机通电的电压即可控制电机的转速，但是在实际的控制中，控制直流电机需要通过 H 桥控制电机的正反转。如果想自由地控制电压值基本是不能实现的，因为电机是接到单片机的引脚上的，引脚的供电电压值是确定的，所以要使用控制二极管的通断时间对电机的转速进行控制，即 PWM 控制。

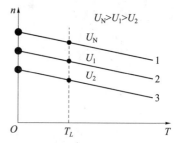

在一个周期内，通过控制通电的时间就可以调控平均电压，而平均电压的高低直接控制电机的转速，通电时间/周

图 9.3.2　电压与转速的关系

期就可以得到占空比，也就是通过控制电机的占空比来控制电机的转速。在实际应用过程中，不用自己搭建 H 桥，而是使用电机驱动板（如 L298N）对直流电机进行驱动，L298N 内搭载两个 H 桥电路，可以实现对两个电机的转向和转速进行控制。

任务实施

1. 基础配置

```
#include "timer. h"
#define Ina PGout(2)
#define Inb PGout(3)
#define Inc PGout(4)
#define Ind PGout(5)

void TIM3_PWM_Init(u16 arr,u16 psc)
```

```
{
    GPIO_InitTypeDef GPIO_InitStructure;
    TIM_TimeBaseInitTypeDef   TIM_TimeBaseStructure;
    TIM_OCInitTypeDef   TIM_OCInitStructure;

    RCC_APB1PeriphClockCmd(RCC_APB1Periph_TIM3, ENABLE);
    RCC_APB2PeriphClockCmd(RCC_APB2Periph_GPIOG,ENABLE);

    GPIO_InitStructure. GPIO_Pin = GPIO_Pin_7;
    GPIO_InitStructure. GPIO_Mode = GPIO_Mode_AF_PP;          //复用推挽输出
    GPIO_InitStructure. GPIO_Speed = GPIO_Speed_50MHz;
    GPIO_Init(GPIOA, &GPIO_InitStructure);                    //TIM3 通道 2

    GPIO_InitStructure. GPIO_Pin = GPIO_Pin_6;
    GPIO_InitStructure. GPIO_Mode = GPIO_Mode_AF_PP;
    GPIO_InitStructure. GPIO_Speed = GPIO_Speed_50MHz;
    GPIO_Init(GPIOA, &GPIO_InitStructure);                    //TIM3 通道 1

    GPIO_InitStructure. GPIO_Pin = GPIO_Pin_2;
    GPIO_InitStructure. GPIO_Mode = GPIO_Mode_Out_PP;
    GPIO_InitStructure. GPIO_Speed = GPIO_Speed_50MHz;
    GPIO_Init(GPIOG, &GPIO_InitStructure);
    GPIO_ResetBits(GPIOG,GPIO_Pin_2);

    GPIO_InitStructure. GPIO_Pin = GPIO_Pin_3;
    GPIO_InitStructure. GPIO_Mode = GPIO_Mode_Out_PP;
    GPIO_InitStructure. GPIO_Speed = GPIO_Speed_50MHz;
    GPIO_Init(GPIOG, &GPIO_InitStructure);
    GPIO_ResetBits(GPIOG,GPIO_Pin_3);

    GPIO_InitStructure. GPIO_Pin = GPIO_Pin_4;
    GPIO_InitStructure. GPIO_Mode = GPIO_Mode_Out_PP;
    GPIO_InitStructure. GPIO_Speed = GPIO_Speed_50MHz;
    GPIO_Init(GPIOG, &GPIO_InitStructure);
    GPIO_ResetBits(GPIOG,GPIO_Pin_4);

    GPIO_InitStructure. GPIO_Pin = GPIO_Pin_5;
    GPIO_InitStructure. GPIO_Mode = GPIO_Mode_Out_PP;
    GPIO_InitStructurc. GPIO_Speed = GPIO_Speed_50MHz;
    GPIO_Init(GPIOG, &GPIO_InitStructure);
    GPIO_ResetBits(GPIOG,GPIO_Pin_5);
```

```
        TIM_TimeBaseStructure. TIM_Period = arr;
        TIM_TimeBaseStructure. TIM_Prescaler =psc;
        TIM_TimeBaseStructure. TIM_ClockDivision = 0;
        TIM_TimeBaseStructure. TIM_CounterMode = TIM_CounterMode_Up;
        TIM_TimeBaseInit(TIM3, &TIM_TimeBaseStructure);


        TIM_OCInitStructure. TIM_OCMode = TIM_OCMode_PWM2;
        TIM_OCInitStructure. TIM_OutputState = TIM_OutputState_Enable;
        TIM_OCInitStructure. TIM_OCPolarity = TIM_OCPolarity_High;
        TIM_OC2Init(TIM3, &TIM_OCInitStructure);

        TIM_OCInitStructure. TIM_OCMode = TIM_OCMode_PWM2;
        TIM_OCInitStructure. TIM_OutputState = TIM_OutputState_Enable;
        TIM_OCInitStructure. TIM_OCPolarity = TIM_OCPolarity_High;
        TIM_OC1Init(TIM3, &TIM_OCInitStructure);
        TIM_Cmd(TIM3, ENABLE);
}
```

2. 主函数

```
    void qianjin(void)
    {
        TIM_SetCompare2(TIM3,100);      //设置通道2的占空比实现PWM调速,这里是100,占空比在
                                         0~450,占空比越小速度越快
        TIM_SetCompare1(TIM3,100);      //设置通道1的占空比实现PWM调速
        Ina=1;
        Inb=0;
        Inc=1;
        Ind=0;
    }
    void houtui(void)
    {
        TIM_SetCompare2(TIM3,100);
        TIM_SetCompare1(TIM3,100);
        Ina=0;
        Inb=1;
        Inc=0;
        Ind=1;
    }
    void zuozhuan(void)
    {
```

```
        TIM_SetCompare2(TIM3,100);
        TIM_SetCompare1(TIM3,100);
        Ina=0;
        Inb=0;
        Inc=1;
        Ind=0;
    }
    void youzhuan(void)
    {
        TIM_SetCompare2(TIM3,100);
        TIM_SetCompare1(TIM3,100);
        Ina=1;
        Inb=0;
        Inc=0;
        Ind=0;
    }
    void stop(void)
    {
        TIM_SetCompare2(TIM3,100);
        TIM_SetCompare1(TIM3,100);
        Ina=0;
        Inb=0;
        Inc=0;
        Ind=0;
    }
```

3. PWM 调速实现

```
    int main(void)
    {
        vu8 key=0;
            delay_init( );
        LED_Init( );
        KEY_Init( );
        TIM3_PWM_Init(450,7199);
        while(1)
        {
            key=KEY_Scan(0);              //通过按键简单实现
            if(key)
            {
                switch(key)
                {
                    case WKUP_PRES:
                            LED0=0;
                            qianjin( );
```

```
                break;
            case KEY1_PRES://
                qianjin( );
                delay_ms(5000);
                delay_ms(5000);
                delay_ms(5000);
                houtui( );
                delay_ms(5000);
                delay_ms(5000);
                delay_ms(5000);
                break;
            case KEY0_PRES:
                LED0 = 1;
                stop( );
                break;
            }
        }
        else delay_ms(10);
    }
}
```

任务小结

通过 PWM 调速即可实现对 L298N 电机的驱动控制。注意：供给 L298N 电机的 5 V 如果是用另外电源供电，即不是与单片机的电源共用，那么需要将单片机的 GND 和模块上的 GND 连接，以实现板载 5 V 稳压芯片的输入引脚和电机供电驱动接线端子的导通。只有这样，单片机上过来的逻辑信号才有参考 0 点。

L298N 电机调速

任务拓展

本实验在 PWM 模式下实现了 L298N 电机调速控制，尝试使用编码器模式实现同样的实验效果。

项目评价与反思

任务评价如表 9.3 所示，项目总结反思如表 9.4 所示。

表 9.3　任务评价

评价类型	总分	具体指标	得分		
			自评	组评	师评
职业能力	55	输出一个频率为 120 Hz 的方波			
		输入捕获测量 PWM 方波的频率			
		驱动 L298N 电机转动			

评价类型	总分	具体指标	得分		
			自评	组评	师评
职业素养	20	按时出勤			
		安全用电			
		编程规范			
		接线正确			
		及时整理工具			
劳动素养	15	按时完成，认真填写记录			
		保持工位整洁有序			
		分工合理			
德育素养	10	具备工匠精神			
		爱党爱国、认真学习			
		协作互助、团结友善			

表 9.4 项目总结反思

目标达成度：	知识：	能力：	素养：
学习收获：		教师评价：	
问题反思：			

项目十

基于 STM32 的 ADC/DAC 应用

ADC 和 DAC 是对数字革命做出巨大贡献的支持技术。例如，大多数现代音频信号都以数字格式存储（如 MP3 和 CD），并且必须转换为模拟信号才能在扬声器上听到。因此，DAC 广泛应用于 CD 播放器、数字音乐播放器和 PC 声卡中。专业的独立 DAC 也出现在高端 Hi-Fi 系统中，这些通常采用兼容 CD 播放器或专用传输器的数字输出，将该信号转换为模拟线路电平输出，并将其馈送到放大器来驱动扬声器。类似的数模转换器也存在于数字扬声器中，如 USB 扬声器和声卡。

STM32F103 系列微控制器提供了功能强大的 ADC 和 DAC 模块，并且支持多种转换模式。本项目将从模数转换器基本概念出发，结合一些典型应用案例，介绍 STM32F103 系列微控制器 ADC 和 DAC 的应用。

任务 10.1　ADC 实验

🔖 任务描述与要求

本任务要求学会 STM32F103 系列微控制器中 ADC 的工作原理和参数配置方法。通过本任务的学习，掌握 ADC 相关数据结构和 API 函数的使用方法，编程实现 ADC 对模拟输入信号进行采样的方法。

🔖 知识学习

1. ADC 简介

ADC 是一种将连续的模拟信号（通常为电压信号）转换为离散的数字信号的转换器，其转换方向与 DAC 正好相反。通常情况下，将模拟信号转换为数字信号需要经历取样、保持、量化和编码 4 个步骤。

（1）取样：指的是将随时间连续变化的模拟量转换为时间离散的模拟量的过程。根据奈奎斯特采样定理，取样信号的频率应该是模拟输入信号最高频率分量的 2 倍以上，工程上一般取 3~5 倍。

（2）保持：指的是取样电路维持输入模拟量不变的一段时间。每次取得的模拟输入信号必须通过保持电路保持一段时间，从而为后续的量化、编码过程提供稳定的输入。

（3）量化：将取样保持电路的输出电压以某种近似方式转变为相应的离散电平，这一转变过程称为数值量化，简称量化。在量化过程中，由于取样电压不一定能被整除，因此量化前后不可避免地存在误差，也就是量化误差。

（4）编码：量化的数值经过编码后，将以二进制代码表示出来，这些二进制代码就是 ADC 转换器输出的数字量。

2. STM32F103 系列微控制器的 ADC

1）ADC 的主要特征

STM32F103 系列微控制器芯片拥有 3 个 ADC，都可以独立工作，其中 ADC1 和 ADC2 还可以组成双重模式（提高采样率）。这些 ADC 都是 12 位逐次逼近型的模拟数字转换器，有 1 个通道，可测量 16 个外部和 2 个内部信号源，其中 ADC3 根据 CPU 引脚的不同其通道数也不同，一般有 8 个外部通道。ADC 中的各个通道的 A/D 转换可以单次、连续、扫描或间断模式执行。

ADC 的结果可以以左对齐或者右对齐的方式存储在 16 位数据寄存器中。

ADC 具有以下主要特性：

（1）12 位分辨率。

（2）转换结束、注入转换结束和发生模拟看门狗事件时产生中断。

（3）单次和连续转换模式。

（4）自校准。

（5）带内嵌数据一致性的数据对齐。

（6）采样间隔可以按通道分别编程。

（7）规则转换和注入转换均有外部触发选项。

（8）间断模式。

（9）双重模式（带 2 个或以上 ADC 的器件）。

（10）ADC 转换时间：时钟为 72 MHz 时为 1. 17 μs。

（11）ADC 供电要求：2. 4~3. 6 V。

（12）ADC 输入范围：$V_{REF-} \leqslant V_{IN} \leqslant V_{REF+}$。

2）ADC 功能描述

图 10. 1. 1 所示为单个 ADC 框图，表 10. 1 所示为 ADC 引脚的说明。

表 10. 1　ADC 引脚的说明

名称	型号类型	注解
V_{REF+}	输入，模拟参考正极	ADC 使用的高端/正极参考电压，2. 4 V $\leqslant V_{REF+} \leqslant V_{DDA}$
V_{DDA}(1)	输入，模拟电源	等效于 V_{DD} 的模拟电源，2. 4 V $\leqslant V_{DDA} \leqslant V_{DD}$（3. 6 V）
V_{REF-}	输入，模拟参考负极	ADC 使用的低端/负极参考电压，$V_{REF-} = V_{SSA}$
V_{SSA}(1)	输入，模拟电源地	等效于 V_{SS} 的模拟电源地
ADCx_IN［15：0］	模拟输入信号	16 个模拟输入通道

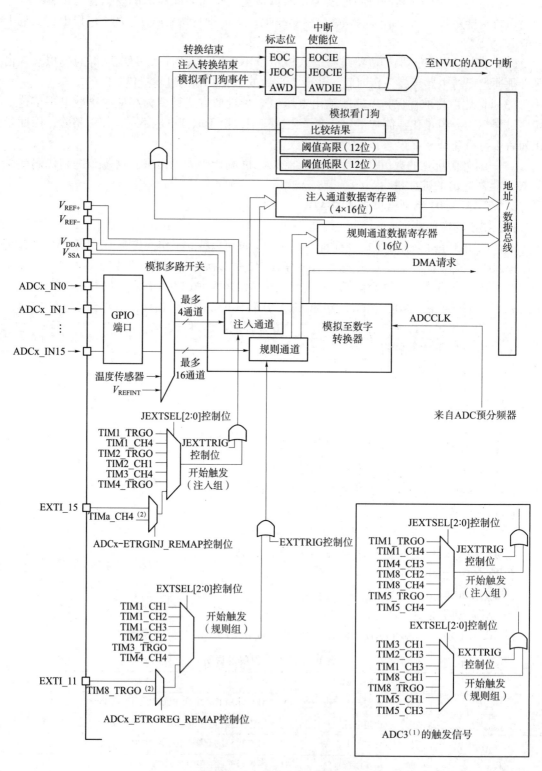

图 10.1.1 单个 ADC 框图

3）ADC 转换时序图

如图 10.1.2 所示，ADC 在开始精确转换前需要一个稳定时间。在开始 ADC 转换和 14 个时钟周期后，EOC 标志被置位，16 位 ADC 数据寄存器包含转换的结果。

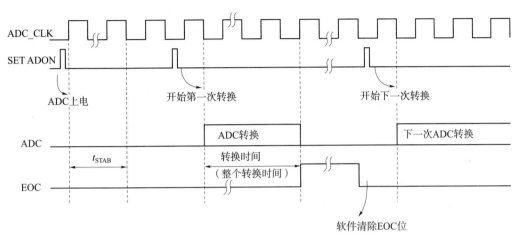

图 10.1.2 ADC 转换时序图

4）ADC 寄存器

为实现 ADC 模块的单通道转换，本任务将使用库函数的方法来设置使用 ADC1 的通道 1 进行 ADC 转换。

3. ADC 寄存器设置

ADC 寄存器的规则通道组最多包含 16 个转换，而注入通道组最多包含 4 个通道。ADC 寄存器可以进行很多种不同的转换模式。

ADC 寄存器在单次转换模式下，只执行一次转换，该模式可以通过 ADC_CR2 寄存器的 ADON 位（只适用于规则通道）启动，也可以通过外部触发启动（适用于规则通道和注入通道），这时 CONT 位为 0。

以规则通道为例，一旦所选择的通道转换完成，转换结果将被存在 ADC_DR 寄存器中，EOC（转换结束）标志将被置位，如果设置了 EOCIE，则会产生中断。然后 ADC 将停止，直到下次启动。

接下来，介绍一下执行规则通道的单次转换，需要用到 ADC 寄存器。第一个要介绍的是 ADC 控制寄存器（ADC_CR1 和 ADC_CR2）。ADC_CR1 寄存器的各位描述如图 10.1.3 所示。

31	30	29	28	27	26	25	24	23	22	21	20	19	18	17	16
保留								AWD EN	AWD ENJ	保留		DUALMOD[3:0]			
								rw	rw			rw	rw	rw	rw

15	14	13	12	11	10	9	8	7	6	5	4	3	2	1	0
DISCNUM[2:0]			DISC ENJ	DISC EN	JAU TO	AWD SGL	SCAN	JEOC IE	AWD IE	EOC IE		AWDCH[4:0]			
rw	rw	rw	rw	rw	rw	rw	rw	rw	rw	rw	rw	rw	rw	rw	rw

图 10.1.3 ADC_CR1 寄存器的各位描述

ADC_CR1 寄存器的 SCAN 位用于设置扫描模式；由软件设置和清除，如果设置为 1，则使用扫描模式；如果为 0，则关闭扫描模式。在扫描模式下，由 ADC_SQRx 或 ADC_JSQRx 寄存器选中的通道被转换。如果设置了 EOCIE 或 JEOCIE，只有在最后一个通道转换完毕后才会产生 EOC 或 JEOC 中断。

ADC_CR1［19：16］用于设置 ADC 寄存器的操作模式，详细的对应关系如表 10.2 所示。

表 10.2　ADC 寄存器的操作模式

位19：16	**DUALMOD[3：0]**：双模式选择
	软件使用这些位选择操作模式。
	0000：独立模式；
	0001：混合的同步规则+注入同步模式；
	0010：混合的同步规则+交替触发模式；
	0011：混合同步注入+快速交替模式；
	0100：混合同步注入+慢速交替模式；
	0101：注入同步模式；
	0110：规则同步模式；
	0111：快速交替模式；
	1000：慢速交替模式；
	1001：交替触发模式。
	注：在ADC2和ADC3中这些位为保留位。
	在双模式中，改变通道的配置会产生一个重新开始的条件，这将导致同步丢失。建议在进行任何配置改变前关闭双模式

本任务使用的是独立模式，所以设置这几位为 0 就可以了。接着介绍 ADC_CR2 寄存器，该寄存器的各位描述如图 10.1.4 所示。

图 10.1.4　ADC_CR2寄存器的各位描述

该寄存器也只针对性的介绍一些位：ADON 位用于开关 AD 转换器。而 CONT 位用于设置是否进行连续转换，这里使用单次转换，所以 CONT 位必须为 0。CAL 和 RSTCAL 位用 AD 校准。ALIGN 位用于设置数据对齐，使用右对齐，该位设置为 0。EXTSEL［2：0］用于选择启动规则转换组转换的外部事件。表 10.3 所示为 ADC 选择启动规则转换事件设置。

这里使用的是软件触发（SWSTART），所以设置这 3 个位为 111。ADC_CR2 寄存器的 SWSTART 位用于开始规则通道的转换，每次转换（单次转换模式下）都需要向该位写 1。

第二个要介绍的是 ADC 采样事件寄存器（ADC_SMPR1 和 ADC_SMPR2），这两个寄存器用于设置通道 0～17 的采样时间，每个通道占用 3 个位。ADC_SMPR1 的各位描述如图 10.1.5 所示。

表 10.3　ADC 选择启动规则转换事件设置

位19：17	**EXTSEL[2：0]**：选择启动规则通道组转换的外部事件
	ADC1和ADC2的触发配置如下：
	000：定时器1的CC1事件；　　　　100：定时器3的TRGO事件；
	001：定时器1的CC2事件；　　　　101：定时器4的CC4事件；
	010：定时器1的CC3事件；　　　　110：EXTI线11/TIM8_TRGO，仅大容量产品具有TIM8_TRGO功能；
	011：定时器2的CC2事件；　　　　111：SWSTART。
	ADC3的触发配置如下：
	000：定时器3的CC1事件；　　　　100：定时器8的TRGO事件；
	001：定时器2的CC3事件；　　　　101：定时器5的CC1事件；
	010：定时器1的CC3事件；　　　　110：定时器5的CC3事件；
	011：定时器8的CC1事件；　　　　111：SWSTART

31	30	29	28	27	26	25	24	23	22	21	20	19	18	17	16
保留								SMP17[2:0]			SMP16[2:0]			SMP15[2:1]	
								rw	rw	rw	rw	rw	rw	rw	rw

15	14	13	12	11	10	9	8	7	6	5	4	3	2	1	0
SMP 15_0	SMP14[2:0]			SMP13[2:0]			SMP12[2:0]			SMP11[2:0]			SMP10[2:0]		
rw	rw	rw	rw	rw	rw	rw	rw	rw	rw	rw	rw	rw	rw	rw	rw

位31：24	保留。必须保持为0
位23：0	**SMPx[2：0]**：选择通道x的采样时间
	这些位用于独立地选择每个通道的采样时间。在采样周期中通道选择位必须保持不变。
	000：1.5周期；　　　　　100：41.5周期；
	001：7.5周期；　　　　　101：55.5周期；
	010：13.5周期；　　　　110：71.5周期；
	011：28.5周期；　　　　111：239.5周期。
	注：
	-ADC1的模拟输入通道16和通道17在芯片内部分别与温度传感器和VREFINT相连。
	-ADC2的模拟输入通道16和通道17在芯片内部与V_{ss}相连。
	-ADC3模拟输入通道14、15、16、17与Vss相连

图 10.1.5　ADC_SMPR1的各位描述

第三个要介绍的是 ADC 规则序列寄存器（ACD_SQR1~3）。

L[3：0] 用于存储规则序列的长度，这里只用了 1 个，所以设置这几个位的值为 0。其他的 SQ13~16 则存储了规则序列中第 13~16 通道的编号（编号范围：0~17）。另外两个规则序列寄存器同 ADC_SQR1 大同小异，这里就不再介绍。要说明的一点是：选择单次转换，所以只有一个通道在规则序列里面，这个序列就是 SQ1，通过 ADC_SQR3 的最低 5 位（SQ1）设置。

第四个要介绍的是 ADC 规则数据寄存器（ADC_DR）。规则序列中的 ADC 转化结果都将被存在这个寄存器里面，而注入通道的转换结果被保存在 ADC_JDRx 里面。ADC_JDRx 寄存器的各位描述如图 10.1.6 所示。

这里要提醒一点的是，该寄存器的数据可以通过 ADC_CR2 的 ALIGN 位设置左对齐还是右对齐，在读取数据时要注意。

31	30	29	28	27	26	25	24	23	22	21	20	19	18	17	16
							ADC2DATA[15:0]								
r	r	r	r	r	r	r	r	r	r	r	r	r	r	r	r
15	14	13	12	11	10	9	8	7	6	5	4	3	2	1	0
							DATA[15:0]								
r	r	r	r	r	r	r	r	r	r	r	r	r	r	r	r

位31：16	**ADC2DATA[15：0]**：ADC2转换的数据 －在ADC1中：双模式下，这些位包含了ADC2转换的规则通道数据 －在ADC2中：不用这些位
位15：0	**DATA[15：0]**：规则转换的数据 这些位为只读，包含了规则通道的转换结果。数据是左或右对齐

图 10.1.6　ADC_ JDRx 寄存器的各位描述

最后一个要介绍的 ADC 寄存器为 ADC 状态寄存器（ADC_SR），该寄存器保存了 ADC 转换时的各种状态。该寄存器的各位描述如图 10.1.7 所示。

31	30	29	28	27	26	25	24	23	22	21	20	19	18	17	16
							保留								

15	14	13	12	11	10	9	8	7	6	5	4	3	2	1	0
					保留						STRT	JSTRT	JEOC	EOC	AWD
											rw	rw	rw	rw	rw

位31：15	保留。必须保持为0
位4	**STRT**：规则通道开始位 该位由硬件在规则通道转换开始时设置，由软件清除。 0：规则通道转换未开始； 1：规则通道转换已开始
位3	**JSTRT**：注入通道开始位 该位由硬件在注入通道组转换开始时设置，由软件清除。 0：注入通道转换未开始； 1：注入通道转换已开始
位2	**JEOC**：注入通道转换结束位 该位由硬件在所有注入通道组转换结束时设置，由软件清除。 0：转换未完成； 1：转换完成
位1	**EOC**：转换结束位 该位由硬件在（规则或注入）通道组转换结束时设置，由软件清除或由读取ADC_DR时清除。 0：转换未完成； 1：转换完成
位0	**AWD**：模拟看门狗标志位 该位由硬件在转换的电压值超出了ADC_LTR和ADC_HTR寄存器定义的范围时设置，由软件清除。 0：没有发生模拟看门狗事件； 1：发生模拟看门狗事件

图 10.1.7　ADC_SR 寄存器的各位描述

这里要用到的是 EOC 位，通过判断该位来决定是否此次规则通道的 ADC 转换已经完成，如果完成就从 ADC_DR 中读取转换结果，否则等待转换完成。

任务实施

1. 软件流程

通过以上寄存器的介绍，了解了 STM32 的单次转换模式下的相关设置，下面介绍使用库函数来设定使用 ADC1 的通道 1 进行 ADC 转换。使用到的库函数分布在 stm32f10x_adc.c 文件和 stm32f10x_adc.h 文件中。其详细设置步骤如下：

（1）开启 PA 口和 ADC1 时钟，设置 PA1 为模拟输入。

ADC1 的通道 1 在 PA1 上，所以，先要使能 PORTA 的时钟，然后设置 PA1 为模拟输入。使能 GPIOA 和 ADC 时钟用 RCC_APB2PeriphClockCmd 函数，设置 PA1 的输入方式用 GPIO_Init 函数即可。STM32 的 ADC 通道与 GPIO 的对应关系如表 10.4 所示。

表 10.4　STM32 的 ADC 通道与 GPIO 的对应关系

通道	ADC1	ADC2	ADC3
通道 0	PA0	PA0	PA0
通道 1	PA1	PA1	PA1
通道 2	PA2	PA2	PA2
通道 3	PA3	PA3	PA3
通道 4	PA4	PA4	PF6
通道 5	PA5	PA5	PF7
通道 6	PA6	PA6	PF8
通道 7	PA7	PA7	PF9
通道 8	PB1	PB0	PF10
通道 9	PB1	PB1	
通道 10	PC0	PC0	PC0
通道 11	PC1	PC1	PC1
通道 12	PC2	PC2	PC2
通道 13	PC3	PC3	PC3
通道 14	PC4	PC4	
通道 15	PC5	PC5	
通道 16	温度传感器		
通道 17	内部参照电压		

（2）复位 ADC1，同时设置 ADC1 分频因子。

开启 ADC1 时钟之后，要复位 ADC1，将 ADC1 的全部寄存器重设为缺省值之后就可以通过 RCC_CFGR 设置 ADC1 的分频因子。分频因子要确保 ADC1 的时钟（ADCCLK）不要超过 14 MHz。这里设置分频因子为 6，时钟为 72/6＝12（MHz），库函数的实现方法是：

```
RCC_ADCCLKConfig(RCC_PCLK2_Div6);
```

179

ADC 时钟复位的方法是：

时钟为 72/6 = 12（MHz），库函数的实现方法是：

```
ADC_DeInit(ADC1);
```

这个函数非常容易理解，就是复位指定的 ADC。

（3）初始化 ADC1 参数，设置 ADC1 的工作模式以及规则序列的相关信息。在设置完分频因子之后，可以开始 ADC1 的模式配置，设置单次转换模式，选择触发方式、数据对齐方式等都在这一步实现。同时，还要设置 ADC1 规则序列的相关信息，这里只有一个通道，并且是单次转换的，所以设置规则序列中通道数为 1。这些在库函数中是通过 ADC_Init 函数实现的，下面是其定义：

```
void ADC_Init(ADC_TypeDef*  ADCx, ADC_InitTypeDef*  ADC_InitStruct);
```

从函数定义可以看出，第一个参数是指定 ADC 号。第二个参数跟其他外设初始化一样，同样是通过设置结构体成员变量的值来设定参数。

```
typedef struct
{
uint32_t ADC_Mode;
FunctionalState ADC_ScanConvMode;
FunctionalState ADC_ContinuousConvMode;
uint32_t ADC_ExternalTrigConv;
uint32_t ADC_DataAlign;
uint8_t ADC_NbrOfChannel;
}ADC_InitTypeDef;
```

参数 ADC_Mode 是用来设置 ADC 的模式。前面讲解过，ADC 的模式非常多，包括独立模式、注入同步模式等，这里选择独立模式，所以参数为 ADC_Mode_Independent。参数 ADC_ScanConvMode 用来设置是否开启扫描模式，因为我们的实验是单通道单次转换，所以这里选择不开启值 DISABLE 即可。

参数 ADC_ContinuousConvMode 用来设置是否开启连续转换模式，因为是单次转换模式，所以选择不开启连续转换模式，值为 DISABLE 即可。

参数 ADC_ExternalTrigConv 是用来设置启动规则转换组转换的外部事件，这里选择软件触发，值为 ADC_ExternalTrigConv_None 即可。

参数 DataAlign 用来设置 ADC 数据对齐方式是左对齐还是右对齐，这里选择右对齐方式，值为 ADC_DataAlign_Right 即可。

参数 ADC_NbrOfChannel 用来设置规则序列的长度，实验只开启一个通道，值为 1 即可。

通过上面对每个参数的讲解，下面来看看初始化范例：

```
ADC_InitTypeDef ADC_InitStructure;
ADC_InitStructure. ADC_Mode = ADC_Mode_Independent;          //ADC 工作模式:独立模式
ADC_InitStructure. ADC_ScanConvMode = DISABLE;               //ADC 单通道模式
ADC_InitStructure. ADC_ContinuousConvMode = DISABLE;         //ADC 单次转换模式
```

```
ADC_InitStructure. ADC_ExternalTrigConv = ADC_ExternalTrigConv_None;
//转换由软件而不是外部触发启动
ADC_InitStructure. ADC_DataAlign = ADC_DataAlign_Right;        //ADC 数据右对齐
ADC_InitStructure. ADC_NbrOfChannel = 1;                        //顺序进行规则转换的 ADC 通道的数
                                                                目 1
ADC_Init(ADC1, &ADC_InitStructure);                            //根据指定的参数初始化外设 ADCx
```

（4）使能 ADC 并校准。

在设置完以上信息后，就使能 AD 转换器，执行复位校准和 AD 校准，注意这两步是必需的，不校准将导致结果不准确。

使能指定的 ADC 的方法是：

```
ADC_Cmd(ADC1, ENABLE);  //使能指定的 ADC1
```

执行复位校准的方法是：

```
ADC_ResetCalibration(ADC1);
```

执行 ADC 校准的方法是：

```
ADC_StartCalibration(ADC1);                                    //开始指定 ADC1 的校准状态
```

记住，每次进行校准之后都要等待校准结束。这里是通过获取校准状态来判断校准是否结束。下面一一列出复位校准和 AD 校准的等待结束方法：

```
while(ADC_GetResetCalibrationStatus(ADC1));                     //等待复位校准结束
while(ADC_GetCalibrationStatus(ADC1));                          //等待 AD 校准结束
```

（5）读取 ADC 值。

在上面的校准完成之后，ADC 就算准备好了。接下来要做的就是设置规则序列 1 里面的通道、采样顺序，以及通道的采样周期，然后启动 ADC 转换。在转换结束后，读取 ADC 转换结果值。这里设置规则序列通道以及采样周期的函数是：

```
Void ADC_RegularChannelConfig(ADC_TypeDef*  ADCx, uint8_t ADC_Channel,
uint8_t Rank, uint8_t ADC_SampleTime);
```

这里是规则序列中的第 1 个转换，同时采样周期为 239.5，所以设置为：

```
ADC_RegularChannelConfig(ADC1, ch, 1, ADC_SampleTime_239Cycles5 );
```

软件开启 ADC 转换的方法是：

```
ADC_SoftwareStartConvCmd(ADC1, ENABLE);//使能指定的 ADC1 的软件转换启动功能
```

开启转换之后，就可以获取转换 ADC 转换结果数据，方法是：

```
ADC_GetConversionValue(ADC1);
```

同时在 ADC 转换中，还要根据状态寄存器的标志位来获取 ADC 转换的各个状态信息。库函数获取 ADC 转换的状态信息的函数是：

```
FlagStatus ADC_GetFlagStatus(ADC_TypeDef*  ADCx, uint8_t ADC_FLAG)
```

要判断 ADC1 的转换是否结束，方法是：

```
while(! ADC_GetFlagStatus(ADC1, ADC_FLAG_EOC ));//等待转换结束
```

通过以上几个步骤的设置，就能正常地使用 STM32 的 ADC1 来执行 ADC 转换操作了。

2. 软件编写

新建一个 adc.c 文件和 adc.h 文件，ADC 相关的库函数是在 stm32f10x_adc.c 文件和 stm32f10x_adc.h 文件中。

adc.c 的参考代码如下：

基础配置：

```
//初始化 ADC
//这里仅以规则通道为例
//默认将开启通道 0~3
void Adc_Init(void)
{ ADC_InitTypeDef ADC_InitStructure;
GPIO_InitTypeDef GPIO_InitStructure;
RCC_APB2PeriphClockCmd(RCC_APB2Periph_GPIOA |
RCC_APB2Periph_ADC1, ENABLE );              //使能 ADC1 通道时钟
RCC_ADCCLKConfig(RCC_PCLK2_Div6);           //设置 ADC 分频因子 6
//72M/6=12
//PA1 作为模拟通道输入引脚
GPIO_InitStructure. GPIO_Pin =GPIO_Pin_1;
GPIO_InitStructure. GPIO_Mode = GPIO_Mode_AIN;    //模拟输入
GPIO_Init(GPIOA, &GPIO_InitStructure);            //初始化 GPIOA. 1
ADC_DeInit(ADC1);                                 //复位 ADC1,将外设 ADC1 的全部寄存器
                                                  //  重设为缺省值
ADC_InitStructure. ADC_Mode = ADC_Mode_Independent; //ADC 独立模式
ADC_InitStructure. ADC_ScanConvMode = DISABLE;      //单通道模式
ADC_InitStructure. ADC_ContinuousConvMode = DISABLE;//单次转换模式
ADC_InitStructure. ADC_ExternalTrigConv = ADC_ExternalTrigConv_None;
                                                  //转换由软件而不是外部触发启动
ADC_InitStructure. ADC_DataAlign = ADC_DataAlign_Right;  //ADC 数据右对齐
ADC_InitStructure. ADC_NbrOfChannel = 1;          //顺序进行规则转换的 ADC 通道的数目
ADC_Init(ADC1, &ADC_InitStructure);               //根据指定的参数初始化外设 ADCx
ADC_Cmd(ADC1, ENABLE);                            //使能指定的 ADC1
ADC_ResetCalibration(ADC1);                       //开启复位校准
while(ADC_GetResetCalibrationStatus(ADC1));       //等待复位校准结束
ADC_StartCalibration(ADC1);                       //开启 AD 校准
while(ADC_GetCalibrationStatus(ADC1));            //等待校准结束
}
//获得 ADC 值
```

```
//ch:通道值 0~3
u16 Get_Adc(u8 ch)
{
//设置指定 ADC 的规则组通道,设置它们的转化顺序和采样时间
ADC_RegularChannelConfig(ADC1, ch, 1, ADC_SampleTime_239Cycles5 );        //通道 1
//规则采样顺序值为 1,采样时间为 239.5 周期
ADC_SoftwareStartConvCmd(ADC1, ENABLE);              //使能指定的是 ADC1 的软件转换功能
while(! ADC_GetFlagStatus(ADC1, ADC_FLAG_EOC ));      //等待转换结束
return ADC_GetConversionValue(ADC1);                 //返回最近一次 ADC1 规则组的转换结果
}.
u16 Get_Adc_Average(u8 ch,u8 times)
{
u32 temp_val=0;
u8 t;
for(t=0;t<times;t++)
{ temp_val+=Get_Adc(ch);
delay_ms(5);
}
return temp_val/times;
}
```

此部分代码就 3 个函数,Adc_Init 函数用于初始化 ADC1。这里基本上是按上面的步骤来初始化的,仅开通了 1 个通道,即通道 1。第二个函数 Get_Adc,用于读取某个通道的 ADC 值,如读取通道 1 上的 ADC 值,就可以通过 Get_Adc(1)得到。最后一个函数 Get_Adc_Average,用于多次获取 ADC 值,取平均,用来提高准确度。对于头文件 adc.h 的代码很简单,主要是函数申明,这里就不多说了。接下来看看主函数,内容如下:

```
int main(void)
{
    u16 NUM;
    float temp;
    delay_init( );
    uart_init(115200);                      //串口初始化为 115200
    LED_Init( );
    LCD_Init( );
    Adc_Init( );                            //ADC 初始化
    //显示提示信息
    POINT_COLOR=RED;                        //红色字体
    LCD_ShowString(60,130,200,16,16," CH1_VAL:");
    LCD_ShowString(60,150,200,16,16," CH1_VOL:0. 000V");
    while(1)
    {
      NUM =Get_Adc_Average(ADC_Channel_1,10);
```

```
            LCD_ShowxNum(156,130, NUM,4,16,0);                    //显示 ADC 的值
            temp=(float)adcx* (3. 3/4096);
            NUM =temp;
            LCD_ShowxNum(156,150, NUM,1,16,0);                    //显示电压值
            temp- = NUM;
            temp* =1000;
            LCD_ShowxNum(172,150,temp,3,16,0X80);
            LED=! LED;
            delay_ms(500);
        }
    }
```

此部分代码，将每隔 250 ms 读取一次 ADC 通道 0 的值，并显示读到的
ADC 值数字量，以及其转换成模拟量后的电压值。

任务小结

通过本任务的实施，学习了 STM32F103 系列微控制器中 ADC 的工作原 ADC
理和参数配置方法、ADC 库函数的配置方法和 API 函数的使用方法，编程实现了 ADC 对模
拟输入信号进行采样的方法。

任务拓展

STM32 有一个内部温度传感器，可以用来测量 CPU 及周围的温度。该温度传感器与
ADCx_IN16 输入通道相连，此通道把传感器输出的电压转换成数字值。STM32 内部温度传
感器的使用不复杂，只要设置内部 ADC，并激活其内部通道就可以了。结合前节内容，通
过库函数可设置 STM32 内部温度传感器。

任务 10.2 DAC 实验

任务描述与要求

本任务要求学会 STM32F103 系列微控制器中 DAC 的工作原理和参数配置方法，掌握
DAC 相关数据结构和 API 函数的使用方法，利用按键（或 USMART）控制 STM32 内部 DAC
模块的通道 1 来输出电压，通过 ADC1 的通道 1 采集 DAC 的输出电压，在 LCD 模块上面显
示 ADC 获取到的电压值以及 DAC 的设定输出电压值等信息。

知识学习

1. DAC 简介

DAC 是一种将数字信号转换为模拟信号（电流、电压或电荷形式）的转换器，其转换
方向与 ADC 相反。例如，音乐播放器使用 DAC 将以数字形式存储的音频信号转换为模拟形

式的声音信号并输出，直流电机控制系统使用 DAC 向驱动电路输出信号以调节电机的速度和方向。DAC 的主要性能指标包括分辨率、转换精度、转换速度。

2. STM32F103 系列微控制器的 DAC

1）DAC 主要特征

DAC 模块（数字/模拟转换模块）是 12 位数字输入、电压输出型的 DAC。DAC 可以配置为 8 位或 12 位模式，也可以与 DMA 控制器配合使用。DAC 工作在 12 位模式时，数据可以设置成左对齐或右对齐。DAC 模块有 2 个输出通道，每个通道都有单独的转换器。在双 DAC 模式下，2 个通道可以独立地进行转换，也可以同时进行转换并同步地更新 2 个通道的输出。DAC 可以通过引脚输入参考电压 V_{REF+} 以获得更精确的转换结果。

DAC 模块具有以下主要特征：

（1）2 个 DAC 转换器：每个转换器对应 1 个输出通道。

（2）8 位或 12 位单调输出。

（3）12 位模式下数据左对齐或右对齐。

（4）同步更新功能。

（5）噪声波形生成。

（6）三角波形生成。

（7）双 DAC 通道同时或分别转换。

（8）每个通道都有 DMA 功能。

2）DAC 功能描述

单个 DAC 框图如图 10.2.1 所示。图中，V_{DDA} 和 V_{SSA} 为 DAC 模块模拟部分的供电，V_{REF+} 为参考电压输入引脚，不过使用的 STM32F103RCT6 只有 64 个引脚，没有 V_{REF-} 引脚，参考电压直接来自 V_{DDA}，也就是固定为 3.3 V。DAC_OUTx 是 DAC 的输出通道，对应 PA4 或 PA5 引脚。DAC 引脚的说明如表 10.5 所示。

表 10.5　DAC 引脚的说明

名称	型号类型	注释
V_{REF+}	输入，正模拟参考电压	DAC 使用的高端/正极参考电压，$2.4\ V \leqslant V_{REF+} \leqslant V_{DDA}$（3.3 V）
V_{DDA}	输入，模拟电源	模拟电源
V_{SSA}	输入，模拟电源地	模拟电源的地线
DAC_OUTx	模拟输出信号	DAC 通道 x 的模拟输出

3）DAC 寄存器描述

为实现 DAC 模块的通道 1 输出模拟电压，本任务将使用库函数的方法来设置 DAC 模块的通道 1 输出模拟电压。

3. DAC 寄存器设置

从图 10.2.1 可以看出，DAC 输出是受 DORx 寄存器直接控制的，不能直接往 DORx 寄存器写入数据，而是通过 DHRx 间接地传给 DORx 寄存器，实现对 DAC 输出的控制。DAC

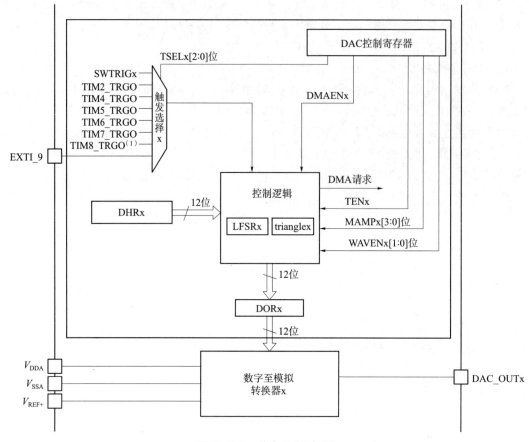

图 10.2.1　单个 DAC 框图

支持 8/12 位模式，8 位模式是固定的右对齐，而 12 位模式又可以设置左对齐/右对齐。DAC 单通道总共有三种情况：

（1）8 位数据右对齐：用户将数据写入 DAC_DHR8Rx［7：0］位（实际是存入 DHRx［11：4］位）。

（2）12 位数据左对齐：用户将数据写入 DAC_DHR12Lx［15：4］位（实际是存入 DHRx［11：0］位）。

（3）12 位数据右对齐：用户将数据写入 DAC_DHR12Rx［11：0］位（实际是存入 DHRx［11：0］位）。

本任务使用的是单 DAC 通道 1，采用 12 位右对齐格式，所以采用第 3 种情况。需要注意的是，DAC 的转换速度最快是 250 kHz 左右。

当 DAC 的参考电压为 V_{REF+} 时（对 STM32F103RCT6 来说就是 3.3 V），DAC 的输出电压是线性的从 $0 \sim V_{REF+}$，12 位模式下 DAC 输出电压与 V_{REF+} 及 DORx 的计算公式如下：

$$DACx \ 输出电压 = V_{REF} \times （DORx/4 \ 095）$$

接下来，介绍一下要实现 DAC 的通道 1 输出，需要用到的一些寄存器。首先是 DAC 控制寄存器 DAC_CR，该寄存器的各位描述如图 10.2.2 所示。

31	30	29	28	27	26	25	24	23	22	21	20	19	18	17	16
保留			DMAEN2	MAMP2[3:0]				WAVE2[2:0]			TSEL2[2:0]		TEN2	BOFF2	EN2
			rw	rw	rw	rw	rw	rw	rw	rw	rw	rw	rw	rw	rw

15	14	13	12	11	10	9	8	7	6	5	4	3	2	1	0
保留			DMAEN1	MAMP[13:0]				WAVE1[2:0]			TSEL1[2:0]		TEN1	BOFF1	EN1

图 10.2.2　DAC_CR 寄存器的各位描述

DAC_CR 寄存器的低 16 位用于控制通道 1，而高 16 位用于控制通道 2，这里仅列出比较重要的最低 8 位的详细描述，如表 10.6 所示。

表 10.6　DAC_CR 寄存器低 8 位的详细描述

位7：6	**WAVE1[2：0]**：DAC通道1噪声/三角波生成使能 该2位由软件设置和清除。 00：关闭波形生成； 10：使能噪声波形发生器； 1x：使能三角波发生器
位5：3	**TSEL1[2：0]**：DAC通道1触发选择 该位用于选择DAC通道1的外部触发事件。 000：TIM6 TRGO事件； 001：对于互联型产品是TIM3 TRGO事件，对于大容量产品是TIM8 TRGO事件； 010：TIM7 TRGO事件； 011：TIM5 TRGO事件； 100：TIM2 TRGO事件； 101：TIM4 TRGO事件； 110：外部中断线9； 111：软件触发。 注意：该位只能在TEN1=1（DAC通道1触发使能）时设置
位2	**TEN1**：DAC通道1触发使能 该位由软件设置和清除，用来使能/关闭DAC通道1的触发。 0：关闭DAC通道1触发，写入寄存器DAC_DHRx的数据在1个APB1时钟周期后传入寄存器DAC_DOR1； 1：使能DAC通道1触发，写入寄存器DAC_DHRx的数据在3个APB1时钟周期后传入寄存器DAC_DOR1。 注意：如果选择软件触发，写入寄存器DAC_DHRx的数据只需要1个APB1时钟周期就可以传入寄存器DAC_DOR1
位1	**BOFF1**：关闭DAC通道1输出缓存 该位由软件设置和清除，用来使能/关闭DAC通道1的输出缓存。 0：使能DAC通道1输出缓存； 1：关闭DAC通道1输出缓存
位0	**EN1**：DAC通道1使能 该位由软件设置和清除，用来使能/失能DAC通道1。 0：关闭DAC通道1； 1：使能DAC通道1

DAC 通道 1 使能位（EN1），该位用来控制 DAC 通道 1 使能，本任务就是用的 DAC 通道 1，所以该位设置为 1。

再看关闭 DAC 通道 1 输出缓存控制位（BOFF1），这里 DAC 输出缓存做的有些不好，如果使能的话,虽然输出能力强一点,但是输出没法到 0,这是个很严重的问题。所以本任务不使用输出缓存,即设置该位为 1。

DAC 通道 1 触发使能位(TEN1),该位用来控制是否使用触发,这里不使用触发,所以该位设置为 0。

DAC 通道 1 触发选择位(TSEL1 [2:0]),这里没用到外部触发,所以这几个位设置为 0 就行了。

DAC 通道 1 噪声/三角波生成使能位(WAVE1 [1:0]),这里同样没用到波形发生器,故也设置为 0 即可。

DAC 通道 1 屏蔽/复制选择器(MAMP [3:0]),这些位仅在使用了波形发生器时有用,本任务没有用到波形发生器,故设置为 0 即可。

最后是 DAC 通道 1DMA 使能位(DMAEN1),本任务没有用到 DMA 功能,故设置为 0。

通道 2 的情况和通道 1 一模一样,这里不再细说。在 DAC_CR 寄存器设置好之后,DAC 就可以正常工作了,仅需要再设置数据保持寄存器的值,就可以在 DAC 输出通道得到想要的电压(对应 I/O 端口设置为模拟输入)。本任务用的是 DAC 通道 1 的 12 位右对齐数据保持寄存器:DAC_DHR12R1,该寄存器各位描述如图 10.2.3 所示。

31	30	29	28	27	26	25	24	23	22	21	20	19	18	17	16
保留															

15	14	13	12	11	10	9	8	7	6	5	4	3	2	1	0
保留				DACC1DHR[11:0]											
				rw	rw	rw	rw	rw	rw	rw	rw	rw	rw	rw	rw

位31:12	保留
位11:0	**DACC1DHR[11:0]**:DAC通道1的12位右对齐数据 该位由软件写入,表示DAC通道1的12位数据

图 10.2.3 DAC_DHR12R1 寄存器的各位描述

该寄存器用来设置 DAC 输出,通过写入 12 位数据到该寄存器,就可以在 DAC 输出通道 1(PA4)得到想要的结果。

任务实施

1. 软件流程

STM32 实现 DAC 输出的相关设置,以下将使用库函数的方法来设置 DAC 模块的通道 1 输出模拟电压,其详细设置步骤为:

(1)开启 PA 口时钟,设置 PA4 为模拟输入。

DAC 通道 1 在 PA4 上,所以,先要使能 PORTA 的时钟,然后设置 PA4 为模拟输入。DAC 本身是输出,一旦使能 DACx 通道之后,相应的 GPIO 引脚(PA4 或者 PA5)会自动与 DAC 的模拟输出相连,设置为输入,是为了避免额外的干扰。

使能 GPIOA 时钟:

```
RCC_APB2PeriphClockCmd(RCC_APB2Periph_GPIOA, ENABLE );        //使能 GPIOA 时钟
```

设置 PA1 为模拟输入只需要设置初始化参数即可：

```
GPIO_InitStructure. GPIO_Mode = GPIO_Mode_AIN;               //模拟输入
```

（2）使能 DAC 时钟。

同其他外设一样，必须先开启相应的时钟。DAC 模块时钟是由 APB1 提供的，所以调用函数 RCC_APB1PeriphClockCmd( ) 设置 DAC 模块的时钟使能。

```
RCC_APB1PeriphClockCmd(RCC_APB1Peiph_DAC, ENABLE );         //使能 DAC 通道时钟
```

（3）初始化 DAC，设置 DAC 的工作模式。

该部分设置全部通过 DAC_CR 设置实现，包括 DAC 通道 1 使能、DAC 通道 1 输出缓存关闭、不使用触发、不使用波形发生器等设置。这里 DMA 初始化通过函数 DAC_Init 完成：

```
void DAC_Init(uint32_t DAC_Channel, DAC_InitTypeDef*  DAC_InitStruct)
```

参数设置结构体类型 DAC_InitTypeDef 的定义：

```
typedef struct
{
uint32_t DAC_Trigger;
uint32_t DAC_WaveGeneration;
uint32_t DAC_LFSRUnmask_TriangleAmplitude;
uint32_t DAC_OutputBuffer;
}DAC_InitTypeDef;
```

这个结构体的定义还是比较简单的，只有 4 个成员变量，下面一一讲解。

第一个参数 DAC_Trigger 用来设置是否使用触发功能，这里不使用触发功能，所以值为 DAC_Trigger_None。

第二个参数 DAC_WaveGeneration 用来设置是否使用波形发生，所以值为 DAC_WaveGeneration_None。

第三个参数 DAC_LFSRUnmask_TriangleAmplitude 用来设置屏蔽/幅值选择器，这个变量只在使用波形发生器时才有用，这里设置为 0 即可，值为 DAC_LFSRUnmask_Bit0。

第四个参数 DAC_OutputBuffer 是用来设置输出缓存控制位，不使用输出缓存，所以值为 DAC_OutputBuffer_Disable。到此，4 个参数设置完毕。代码如下：

```
DAC_InitTypeDef DAC_InitType;
DAC_InitType. DAC_Trigger=DAC_Trigger_None;                          //不使用触发功能 TEN1=0
DAC_InitType. DAC_WaveGeneration=DAC_WaveGeneration_None;            //不使用波形发生
DAC_InitType. DAC_LFSRUnmask_TriangleAmplitude=DAC_LFSRUnmask_Bit0;
DAC_InitType. DAC_OutputBuffer=DAC_OutputBuffer_Disable ;            //DAC1 输出缓存关闭
DAC_Init(DAC_Channel_1,&DAC_InitType);                              //初始化 DAC 通道 1
```

（4）使能 DAC 转换通道。

初始化 DAC 之后，使能 DAC 转换通道，库函数方法是：

```
DAC_Cmd(DAC_Channel_1, ENABLE); //使能 DAC 通道 1
```

（5）设置 DAC 的输出值。

通过前面 4 个步骤的设置，DAC 可以开始工作了，使用 12 位右对齐数据格式。通过设置 DHR12R1，可以在 DAC 输出引脚（PA4）得到不同的电压值。库函数的函数是：

```
DAC_SetChannel1Data(DAC_Align_12b_R, 0);
```

第一个参数设置对齐方式，可以为 12 位右对齐 DAC_Align_12b_R、12 位左对齐 DAC_Align_12b_L 以及 8 位右对齐 DAC_Align_8b_R 方式。

第二个参数是 DAC 的输入值，初始化设置为 0。这里，还可以读出 DAC 的数值，函数是：

```
DAC_GetDataOutputValue(DAC_Channel_1);
```

通过以上几个步骤的设置，就能正常使用 DAC 通道 1 来输出不同的模拟电压了。

2. 软件编写

新建一个 dac. c 文件以及头文件 dac. h，DAC 相关的函数分布在固件库文件 stm32f10x_dac. c 文件和 stm32f10x_dac. h 头文件中。

dac. c 的参考代码如下：

```
#include "dac. h"
//DAC 通道 1 输出初始化
void Dac1_Init(void)
{
GPIO_InitTypeDef GPIO_InitStructure;
DAC_InitTypeDef DAC_InitType;
RCC_APB2PeriphClockCmd(RCC_APB2Periph_GPIOA, ENABLE );          //使能 PA 时钟
RCC_APB1PeriphClockCmd(RCC_APB1Periph_DAC, ENABLE );           //使能 DAC 时钟
GPIO_InitStructure. GPIO_Pin = GPIO_Pin_4;                    //端口配置
GPIO_InitStructure. GPIO_Mode = GPIO_Mode_AIN;                //模拟输入
GPIO_InitStructure. GPIO_Speed = GPIO_Speed_50MHz;
GPIO_Init(GPIOA, &GPIO_InitStructure);                      //初始化 GPIOA
GPIO_SetBits(GPIOA,GPIO_Pin_4)   ;                         //PA. 4 输出高电平
DAC_InitType. DAC_Trigger＝DAC_Trigger_None;                 //不使用触发功能
DAC_InitType. DAC_WaveGeneration＝DAC_WaveGeneration_None;     //不使用波形发生
DAC_InitType. DAC_LFSRUnmask_TriangleAmplitude＝DAC_LFSRUnmask_Bit0;
DAC_InitType. DAC_OutputBuffer＝DAC_OutputBuffer_Disable ;
DAC_Init(DAC_Channel_1,&DAC_InitType);                     //初始化 DAC 通道 1
```

```
DAC_Cmd(DAC_Channel_1, ENABLE);                    //使能 DAC 通道 1
DAC_SetChannel1Data(DAC_Align_12b_R, 0);           //12 位右对齐,设置 DAC 初始值
}
//设置通道 1 输出电压
//vol:0~3300,代表 0~3.3 V
void Dac1_Set_Vol(u16 vol)
{
float temp=vol;
temp/=1000;
temp=temp* 4096/3.3;
DAC_SetChannel1Data(DAC_Align_12b_R,temp);         //12 位右对齐设置 DAC 值
```

此部分代码就 2 个函数，Dac1_Init 函数用于初始化 DAC 通道 1。软件流程基本上是按上面的步骤来初始化的，经过初始化后，就可以正常使用 DAC 通道 1 了。

第二个函数 Dac1_Set_Vol，用于设置 DAC 通道 1 的输出电压。

dac. h 的参考代码内容如下：

```
#ifndef __DAC_H
#define __DAC_H
#include "sys. h"
void Dac1_Init(void);                              //DAC 通道 1 初始化
void Dac1_Set_Vol(u16 vol);                        //设置通道 1 输出电压
#endif
```

主函数代码如下：

```
int main(void)
{
    u16 adcx;
    float temp;
    u8 t=0;
    u16 dacval=0;
    u8 key;
    delay_init( );                                 //延时函数初始化
    uart_init(9600);                               //串口初始化为 9600
    LED_Init( );                                   //初始化与 LED 连接的硬件接口
    LCD_Init( );                                   //初始化 LCD
    KEY_Init( );                                   //按键初始化
    Adc_Init( );                                   //ADC 初始化
    Dac1_Init( );                                  //DAC 通道 1 初始化
    POINT_COLOR=RED;                               //设置字体为红色
    while(1)
```

```
            {
                t++;
                key=KEY_Scan(0);
                if(key==WKUP_PRES)
                {
                    if(dacval<4000)dacval+=200;
                    DAC_SetChannel1Data(DAC_Align_12b_R, dacval);
                }
                else if(key==KEY0_PRES)
                {
                    if(dacval>200)dacval-=200;
                    else dacval=0;
                    DAC_SetChannel1Data(DAC_Align_12b_R, dacval);
                }
                if(t==10||key==KEY0_PRES||key==WKUP_PRES)
                //WKUP/KEY1 按下或定时时间到了
                {
                adcx=DAC_GetDataOutputValue(DAC_Channel_1);
                LCD_ShowxNum(124,150,adcx,4,16,0);
                //显示 DAC 寄存器值
                temp=(float)adcx* (3. 3/4096);
                //得到 DAC 电压值
                adcx=temp;
                LCD_ShowxNum(124,170,temp,1,16,0);
                //显示电压值的整数部分
                temp-=adcx;
                Vtemp*  =1000;
                LCD_ShowxNum(140,170,temp,3,16,0X80);
                //显示电压值的小数部分
                adcx=Get_Adc_Average(ADC_Channel_1,10);
                //得到 ADC 转换值
                temp=(float)adcx* (3. 3/4096);
                //得到 ADC 电压值
                adcx=temp;
                LCD_ShowxNum(124,190,temp,1,16,0);
                 //显示电压值的整数部分
                temp-=adcx;
                temp*  =1000;
                LCD_ShowxNum(140,190,temp,3,16,0X80);
                //显示电压值的小数部分
```

```
            LED0 =! LED0;
            t=0;
            }
        delay_ms(10);
        }
    }
```

此部分代码，在部分模块初始化后，将得到 DAC 设计输出电压以及 ADC 采集到的 DAC 输出电压。

任务小结

通过本任务的实施，学习了 DAC 的工作原理和参数配置方法、DAC 库 函数的配置方法和 API 函数的使用方法，编程实现了 DAC 输出模拟信号的方法。

任务拓展

如果待转换数据已经存放在 SRAM 中，则可以使用 DMA 方式将这些数据通过 DAC 转换为模拟信号并输出。将一段正弦波的数据预先存放在数组中，通过 DMA 方式将这些数据发送到 DAC 进行转换，并用示波器观察 DAC 输出的波形。

项目评价与反思

任务评价如表 10.7 所示，项目总结反思如表 10.8 所示。

表 10.7 任务评价

评价类型	总分	具体指标	得分		
			自评	组评	师评
职业能力	55	实现 ADC 对模拟输入信号进行采样			
		实现 DAC 输出模拟信号			
职业素养	20	按时出勤			
		安全用电			
		编程规范			
		接线正确			
		及时整理工具			
劳动素养	15	按时完成，认真填写记录			
		保持工位整洁有序			
		分工合理			

评价类型	总分	具体指标	得分		
			自评	组评	师评
德育素养	10	具备工匠精神			
		爱党爱国、认真学习			
		协作互助、团结友善			

表 10.8　项目总结反思

目标达成度：		知识：		能力：		素养：	
学习收获：				教师评价：			
问题反思：							

参 考 文 献

［1］佚名. 物联网应用开发项目教程（C51 和 STM32 版）大中专理科计算机［M］. 北京：机械工业出版社，2023.

［2］游志宇，陈昊，陈亦鲜. STM32 单片机原理与应用实验教程［M］. 北京：清华大学出版社，2022.

［3］韩党群，琚晓涛. 嵌入式系统基础［M］. 西安：西安电子科技大学出版社，2022.

［4］连艳. 嵌入式技术与应用项目教程：STM32 版：基于 STM32CubeMX 和 HAL 库［M］. 北京：科学出版社，2021.

［5］游国栋. STM32 微控制器原理及应用［M］. 西安：西安电子科技大学出版社，2020.

［6］杨光祥，梁华. STM32 单片机原理与工程应用［M］. 北京：清华大学出版社，2020.

［7］刘火良. STM32 库开发实战指南［M］. 北京：机械工业出版社，2013.

［8］王震. 物联网技术与应用教程［M］. 北京：清华大学出版社，2013.

［9］符意德. 龙芯嵌入式系统软硬件平台设计　软硬件技术［M］. 北京：人民邮电出版社，2023.

［10］朱珍民，陈援非，罗海勇. 嵌入式系统实验教程：龙芯 SOC［M］. 北京：北京邮电大学出版社，2009.

［11］乐德广. 龙芯自主可信计算及应用［M］. 北京：人民邮电出版社，2018.